읽다 보면 수학의 기초가 쌓이는 신기한 라이트노벨

좌충우돌 청춘 수학교실

좌충우돌 청춘 수학교실

펴낸날 2024년 2월 1일 1판 1쇄

지은이 라이이웨이
옮긴이 김지혜
그림 NIN
펴낸이 김영선
편집주간 이교숙
교정·교열 정아영, 나지원, 이라야
경영지원 최은정
디자인 박유진·현애정
마케팅 조명구

발행처 (주)다빈치하우스-미디어숲
주소 경기도 고양시 덕양구 청초로66 덕은리버워크 B동 2007~2009호
전화 (02) 323-7234
팩스 (02) 323-0253
홈페이지 www.mfbook.co.kr
출판등록번호 제 2-2767호

값 17,800원
ISBN 979-11-5874-213-3(43410)

(주)다빈치하우스와 함께 새로운 문화를 선도할 참신한 원고를 기다립니다.
이메일 dhhard@naver.com (원고투고)

라이이웨이 지음 · NIN 그림
김지혜 옮김

좌충우돌 청춘 수학교실

미디어숲

불가사의! 읽기 시작하면 마지막 페이지까지 멈출 수가 없다. 뜻밖에도 '수학'에 관한 책이다. 라이이웨이 저자가 수학과 생활을 결합해 쉽고 재미있는 방식으로 전달하는 데 매우 능숙하다는 것은 일찍이 알고 있었다. 하지만 학교생활을 결합해 특색 있는 인물을 그리고, 읽는 이가 충동적으로 펜을 들고 계산식을 쓰고 싶게 만드는 소설이라니? 이게 가능한 일인가!

PanSci 범과학 편집장, 정국위

아침에 깨어나 분초를 다투는 순간부터 한밤중에 머리에 떠오르는 편의점 야식, 열량, 체중의 순열 조합까지 '수학'은 인류 문화에서 가장 실용적인 오래된 지혜이다. 그러나 학교의 수학 수업은 컴퓨터 훈련과 같고, 우리로 하여금 수학에 대해 '몇 분의 의식'만 남게 한다. 그러나 라이이웨이의 '수' 문학은 '읽기'의 과정이라기보다는 '디톡스'의 치료 과정에 더 가깝다고 할 수 있다. 이 책은 학생들에게 '수학은 삶을 본다'라는 즐거움을 되찾게 해주며, 원래 수학은 너와 나의 곁에 있었다는 것을 깨닫게 해준다.

신북시 용푸 초등학교 교사, 처신원

추천사

고교생활을 소재로 한 수학 소설은 드물다. 이 소설은 수학 기호와 수학 개념이 주가 아니다. 이야기 속 등장인물을 통해 자연스럽게 수학 문제를 어떻게 풀어야 하는지에 대한 토론과 응용 방면에 놀라움을 불러일으킨다. 내용이 풍부하고 가독성이 높아 학생들이 생활상의 문제와 학교에서 배우는 수학 소재와의 관계를 체득하게 한다.

"수학을 배우는 것이 얼마나 유용한가요?" 이 문제에는 다양한 답이 있겠지만, 나는 지금 이 문제에 대한 '답변'으로 이 책을 읽으라고 추천하고 싶다!

건국중학교 수학교사, 임신안

"교수학습의 대유행 풍조를 뒤집다!" 10대 교육뉴스 중, 이 뉴스가 눈에 크게 띄었다. 교사가 주입식 수업에서 '학생 중심'이라는 반전 수업으로 바꾸기란 쉽지 않은 일이다. 라이이웨이의 이 책은 그런 의미에서 뜻있는 선생님들에게 멋진 매뉴얼을 제공한다. 그는 매우 창의적이어서, 많은 학생이 흥미를 느낄 수 있는 생활 소재 등으로 수학교실을 초전개(전혀 예상하지 못한 방향으로 흘러감)했다. 또한 매 꼭지마다 흥미진진한 만화로 학생들의 관심을 유도하고 재미를 더했다.

성치교육재단 회장, 방신주

많은 학생에게 수학은 언제나 글자 없는 천자문이며, 볼 수는 있으나 이해가 어려운 학문이다. 사람들은 학교에서 수학을 배운 후 '이게 내 삶과 무슨 상관이야.'라고 말한다. 저자는 수학은 생활화될 수 있고, 중요한 '문제'를 해결할 수 있다는 것을 알려준다.

만약 여러분이 원래 수학을 좋아한다면 이 책은 새로운 관점을 갖게 할 것이고, 수학에 대한 거부감이 있다면 수학에 대한 생각을 바꾸게 할 것이다. 그러므로 이 책이 여러분의 필독서가 되길 바란다.

성치교육재단 이사장, 여관위

"수학교육에 매우 열정적인 젊은이가 있는데 소개해 줄까?" 이 책의 저자인 라이이웨이를 그렇게 알게 되었다. 그를 알게 된 후, 나는 끊임없이 그의 위엄 있는 재능에 놀랐다. 그의 글은 필치가 익살스러워서 매번 사람들이 읽고 난 후에 회심의 미소를 짓게 한다. 또한 그는 수학이 더 이상 많은 사람이 두려워하는 학문이 되지 않도록 수학 보급에 힘쓰고 있다.

나는 진심으로 라이이웨이와 같은 재능 있는 젊은 수학교육자 겸 학자가 있다는 것이 자랑스럽다. 이번에 마침내 라이이웨이가 자신의 창작을 집결시키는 것을 보게 되어 기쁘다. 이렇게 수학과 문학을 융합한 이 책은 재미도 있고 교육적으로도 훌륭하다. 수학을 좋아하고 문학을 좋아하는 여러분이 반드시 좋아할 것이라고 믿는다.

타이베이대 교수, 타이베이대 MOOC 집행임원, PaGamO 설립자, 예명성

차례

Part 3 코드명_수학, 퇴출 직전의 쌤을 구하라!

유아 : 핸드폰 중독자, 입으로 말하는 것보다 손가락으로 더 자주 말한다.
성찬 : 자신을 일깨워준 수학 선생님을 존경해 '수학'을 광적으로 사랑한다. 엔지니어 일을 그만두고 좌충우돌 수학보충반 선생님이 된다.
정한 : 침착하고 예의바르다. 특기는 필기지만 자신이 무엇을 쓰고 있는지 이해를 잘 못하는 편이다.

등장인물
수안 : 수줍음이 많으나 종종 참지 못하고 자뻑스타일로 지식을 자랑한다. 문과의 슈퍼우먼으로 불린다.
은석 : 공부에 흥미가 없고 모든 일상을 농구와 연관짓는 농구부원이다.
연준 : 선생님들의 '면담시간'을 만들어낸 전설의 '수학 천재'이다.
11

Part 1

수학 없는 수학 수업

어어!
재 좀 봐,
지금 뭐 하는
거지?
뭐…?

성찬은
어릴 때부터
친구가 없었어.
학교에선 항상
혼자였지.
사람들이
뭐라고 하든
신경 쓰지 않고
수학 문제에만
매달렸어.

걔는 마치
깊은
바닷속의
아귀 같았어.
유유히 수학의
어둠과 압박
속에서 시간을
보내곤 했지.
Historically, English
originated from the
Historically, English
originated from the
스스로
이상하다는
걸 너무 잘
알았기 때문에
숨는 것도
잘했어.

방과 후가
돼서야 혼자
칠판 앞에 서서
판서를 해가며
생각을 하고,
14=1×2³+1×2²+1×2¹+0×2⁰
생활 속의
수학과 관련된
요소를
찾아내기
시작했지.

!?
아,
망했다!
넌 정말
수학 머리가
있어.
이건 가지기
힘든
재능인데,
소중히
여기렴.
수학 때문에
처음으로
칭찬을 받았다!

우산이 지면에서 190㎝ 떨어져 있을 때, 팔을 앞으로 곧게 뻗으면 우산의 위치는 비를 딱 가릴 수 있다.
30cm
50cm
190cm
67°
지금까지도 성찬의 생활은 수학으로 가득 차 있다.
짜증 나! 신발이 다 젖어버렸어.
그때 그 칭찬 때문에, 그 쌤 때문에,
세월이 흐른 후, 성찬은 학교에서 수학을 가르치게 되는데
본체만체, 무관심
그럼 다음 문제는….
그는 학생들과 수학의 즐거움을 함께 나누고 싶지만, 현실에서 마주하는 장면들은….

공부? 난 공부가 제일 싫어. 집에서도 항상 강요받는다고!
어쨌든 나중에 대학만 합격하면 되는 거 아냐?
대학에 합격하면
신나게 놀 수 있다고!
참, 너 전교 1등이 누군지 알아?
연준? 나랑 친한데 학교를 자주 빼먹어.
그런데 걔는 성적이 잘 나오니까 쌤들도 어떻게 못해.
아직 수업 시간인데 드리블을 하다니!
성적이 좋으면 그만이지, 쳇!

우린 수학을 못해서 이 반에 온 거 아니야.
수학 수업이라니 착각은 아니겠지?
정말 답답해!
참을 수가 없어.
나도 빈둥빈둥 시간을 보내고 싶지만 안타깝게도 부모님은 내가 대학에 가길 바라셔.
그러니 이렇게 시간을 보낼 수밖에 없지. 아니면 용돈이 없을 테니까, 하하!
수업을 듣는 사람이 반도 안 돼!
수업 끝나고 뭐 먹을까?
아무거나~
수안, 너 뭐해?
이 학생들….
어쩐지 그 쌤들이….
어쨌든 나에게 맡기세요!

수학 없는 수학 수업

방과 후 '수학 보충반'은 정말 최악의 그룹이라고 할 수 있다.

수학 광신자인 보충반 교사 성찬은 모든 사물을 '수학적' 언어로 표현하는 것을 좋아한다. 그의 눈에는 방정식이 시험지와 연습문제에만 나타나는 것이 아니다. 그는 '식'이란 것은 어떤 현상을 한마디로 표현하기 위해 존재한다고 생각한다.

비가 오면 그는 우산을 쓰는 가장 좋은 방법을 계산한다. 만약 어떤 여학생이 그에게 어떻게 입어야 가장 돋보이느냐고 물으면, 그는 진지하게 '황금비율'을 이용해 그녀의 계산을 도울 것이다. 수학을 사랑하지만, 엔지니어였던 성찬은 자신의 인생을 바꿔 준 수학 선생님처럼 되고 싶다는 간절한 마음으로 학교로 돌아왔고, 방과 후 보충반을 맡았다.

성찬의 보충반에는 어떤 학생들이 모였을까.

농구팀의 풍운아, 내성적이지만 재능이 많고 역사를 좋아하는 학생, 재벌 2세지만 침착하고 예의 바른 학생과 SNS에 중독된 듯 한시도 핸드폰을 손에서 놓지 않으려는 여학생이 있다. 이 학생들의 공통점은 바로 '수학을 좋아하지 않는다는 것'이다. 그러니 '수학 보충반'은 최악의 그룹일 수밖에 없다. 하지만 아무리 수학을 싫어하는 학생들을 모았다고 해도 그런 그들에게 시간을 낭비하고 싶은 선생님은 없었기에 이 고된 일은 막 엔지니어를 그만두고 학교로 돌아온 성찬

의 몫이 되었다.

수학을 가장 사랑하는 쌤과 수학을 싫어하는 학생들, 창과 방패의 대결이다!

교사 경험이 없는 성찬은 첫 수업에서 어떻게 그들의 흥미를 끌어야 할지 난감했다. 그래서 일단은 다른 선생님이 하던 대로 교과서를 그대로 읊으며 수학 문제를 설명했다. 마치 어떤 가수의 노래가 처음에는 낯설더라도 자주 들으면 익숙해지는 것처럼 반복해서 이야기하면 학생들이 수학을 좋아하게 될 것이라고 생각했다. 그러나 기차역 근처에 사는 사람들이 기차의 소음을 싫어하고 피자 가게 아이가 밀가루 도우만 봐도 고개를 젓는다는 사실을 알지 못했다. 중요한 것은 뭔가를 지속하는 시간이 아니라, 사물 자체에 대한 관심이다. 좀 더 정확하게는 '사물의 흥미로운 부분이 얼마나 제대로 드러나는가'이다.

한 달의 시간이 지나자, 성찬은 교직에 대한 열의가 꺾였다. 매일 수학을 접할 수 있다는 것만이 그가 교실에 지속적으로 발을 들여놓을 수 있었던 유일한 동력이었다. 적어도 지금 이 순간, 그는 마음껏 수식을 칠판에 쓸 수 있으니 누구도 그를 탓할 사람이 없다. 그동안 잠재되었던 수학 뇌는 점점 더 활성화되어 무의식적으로 드러났다.

성찬의 수학을 향한 열망은 극에 달했고 그럴수록 학생들의 열의는 바닥을 치는 상황까지 오게 됐다. 결국 이 오합지졸의 조합은 철저히 통제 불능에 다다르게 되었고, 성찬은 급기야 교과서를 벗어나 전에 없던 일련의 초전개 수학 수업으로 탈바꿈하기로 했다.

01

헌팅의 법칙,
미분이 0이 될 때 경로를 바꿔라!

직선거리가 최단 경로라고 하지만 반드시 '가장 빠른' 경로는 아니다. 그렇지 않으면 공기에서 물속으로 빛을 비출 때 빛이 꺾이지는 않을 것이다. 이것을 '굴절 법칙'이라고 하는데, 입사각과 굴절각의 사인sin 값은 공기 및 물에서 빛의 속도에 정비례한다.

"잠깐, 배운 대로 바로 가장 빠른 경로로 교실을 탈출하면 안 돼!"

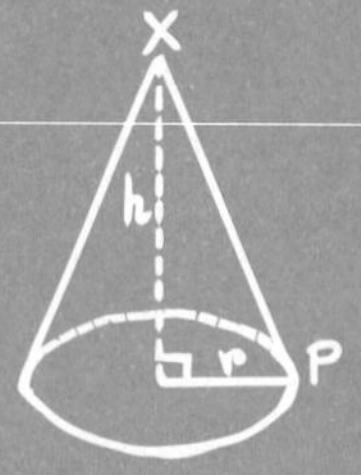

한 달 뒤 수업 시간
지난 주말에 준이하고 영화를 보러 갔어.
연준? 전교 1등 하는 훌륭한 학생도 영화 볼 시간이 있어?
그런데 연준이를 기다리다가 한 여자애를 봤어.
운이 좋았지!
그렇게 예쁜 여자를 만나다니.
그 여자애는 광장 맞은편에서 길을 건너려고 하고 있었어.
영화 보러 가는 거 아니었어?
그녀를 따라잡을 수 있었는데! ㅠㅠ
달려갔는데 아쉽게도 빨간불이 져 버렸어.
맞아, 두 갈래 반대 방향의 인파가 너무 많았어.
사람이 많아서 너무 힘들었지!
너 직선으로 달려갔니?
어, 쌤이 우리 말을 엿듣고 있어.

"K명이 일렬로 줄을 서는 모든 경우의 수는 $K\times(K-1)\times(K-2)\times\cdots\times1$, 이것을 $K!$라고 하지."

성찬은 설명을 하면서도 '학생들의 반응을 정면으로 마주하고 싶지 않다'는 바람을 갖고 있었다. 그의 시야에 있는 네 명은 테트리스처럼 네모꼴로 포지션을 잡고 있다. 수안은 맨 앞에 앉아 있고, 오른쪽 뒤쪽에는 은석이 있다. 수안의 뒤에 있는 유아는 핸드폰을 가지고 놀면서 은석과 이야기를 나누는 중이다.

은석이 학교 농구 대표팀 선발 스몰포워드라는 말을 처음 들었을 때 성찬은 하마터면 '서태웅의 포지션인가'라고 내뱉을 뻔했다. 하지만 학생들이 〈슬램덩크〉를 본 적이 있는지는 확실하지 않다.

"키세 료타 포지션?" 그는 만화방에서 한바탕 요즘 친구들이 좋아하는 농구 만화를 살펴본 뒤에 다음 수업에서 학생들과의 거리를 좁히기 위해 말문을 던졌다.

"쌤도 〈쿠로코의 농구〉를 볼 줄은 상상도 못했어." 은석은 눈이 휘둥그레졌다. 하지만 호기심은 그때뿐이었다. 아이들은 여전히 심드렁한 얼굴로 자기가 하고 싶은 일에만 열중했고 그럼에도 불구하고 성찬은 수업을 이어갔다.

※

"그런데 만약 K명 중에 M명의 생김새가 똑같다면…. 음, 예가 좀 이상하지만 K개 의자가 일렬로 늘어서 있고 그 안에 M개가 같다면

M!로 나누어야….”

그때 뒤에서 은석과 유아의 대화가 들려왔다.

“지난 주말에 연준이하고 영화를 보러 갔어.”

“연준? 전교 1등 하는 학생도 영화 볼 시간이 있어?”라는 유아의 말에 은석은 억울하다는 듯이 말했다. “와, 이건 정말 불공평한 일이야. 연준이는 매일 공부만 하는 것도 아닌데 전교 1등을 놓치지 않아. 그런데 나는 매일 농구 연습을 엄청 하거든. 그래도 겨우 선발로 뛸 수 있는데….”

“그런데 어떻게 남자끼리 영화를 보러 가?”

“이걸 멘스톡men's talk이라고 하지. 너희 여자들은 손잡고 화장실도 가잖아. 남자도 당연히 함께 영화를 볼 수 있지. 아 참, 이게 요점이 아닌데, 연준이는 만날 때마다 늦거든. 그래서 이번엔 내가 일부러 20분 늦게 가서 연준이를 기다리도록 만들려고 했지.”

“그런데 무슨 영화를 봤어?”, “아, 영화 제목이….” 성찬은 계속 칠판에 식을 써나가면서도 학생들의 대화에 귀를 기울이고 있었다.

“그런데 연준이를 기다리는데 핸드폰 배터리가 없어서 전화하기도 그렇고 두리번거리고 있는데, 그때 마침 그 여자애를 봤어.”

“너 영화 보러 간 거 아냐?” 유아는 호기심 어린 눈을 희번덕거렸지만, 은석은 여전히 자신을 놀리는 것을 깨닫지 못하고 신이 나서 말했다.

“걔가 신호등 앞에 서 있었는데, 나는 갑자기 숨이 멎어버렸어. 그리고 1초 망설이다가 걔한테 걸어갔지. 점점 더 빨리, 더 빨리. 그리고 마침내 뛰기 시작했고, 마치 빛처럼 광장의 행인들을 휙 지나쳤어.”

성찬은 고개를 돌려 은석이 행인을 밀치고 용감하게 앞으로 나아가는 모습을 손짓, 발짓으로 재현하는 것을 지켜보았다. 정한도 고개를 돌려 그의 말을 듣고 있었지만, 수안이만 여전히 얼굴을 묻고 역사 공부에 전념 중이다. 유아는 “결과는?”이라며 대답을 재촉했다.

“반쯤 달려갔을 때 녹색등이 켜졌고, 걔는 길을 건넜어.”

“너 이런 식으로 매번 포기하는 거야?” 유아의 핀잔에 은석은 두 손을 벌리며 어깨를 ‘으쓱’ 하는 제스처를 취했다.

“물론 빨간불을 뚫고 달려가려고 했는데 생각해 보니 전력 질주를 할 것도 아니야. 갑자기 걔한테 너무 저돌적으로 달려가면 안 될 것 같다는 생각이 들었어. 그래서 아마도 내가 느리게 달렸나 봐.”

학생들의 대화를 듣던 성찬은 뜬금없이 질문을 던졌다.

“그런데 혹시 직선으로 달려갔니?”

그 순간, 모두가 교단으로 시선을 돌렸다. 성찬은 갑자기 자신이 여러 자루의 저격총에 포위되었음을 느끼며 무의식적으로 두 손을 들었다.

“오! 쌤이 우리 말을 계속 엿듣고 있었어.” 유아는 새삼스럽다는 듯이 말했다. 수업 시간에 잡담을 하는 건 분명히 잘못된 행동임에도 성찬의 반응에 은석은 오히려 신이 나서 맞받아쳤다.

“맞아요. 전 직진했어요. 이래 봬도 학년에서 단거리 1위, 100m 11.3초 기록 보유자라고요.”

“광장에 사람이 많았어?”

자랑스러운 기록이 무시되자, 은석은 상처 입은 표정을 지으며 “두 방향의 인파가 너무 많아서 힘들었죠.”라고 말했다. 성찬은 문제가 어디에 있는지 발견했다. 정확히 말하면 그의 수학적인 두뇌가 문제거리를 찾아낸 것이다. 설명을 해 줘야 할지 망설이고 있을 때, 그는 이미 “넌 그녀를 따라잡을 수 있었어.”라고 말하고 있었다.

“네?”

“직선이 최단 경로이지만 가장 빠른 경로는 아니지.”

성찬은 로봇처럼 180° 회전하며 칠판에 그림을 그렸다.

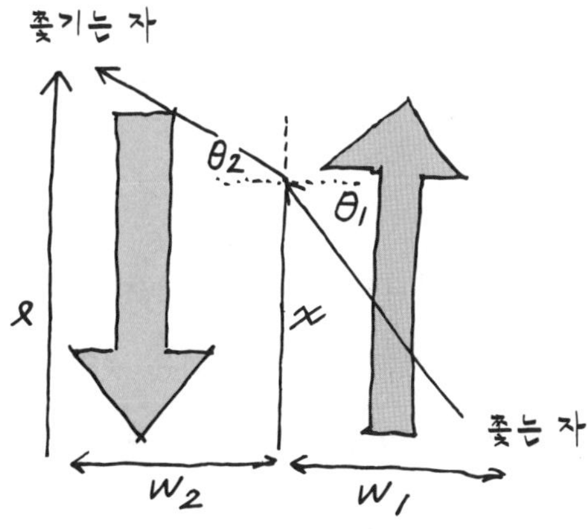

“광장을 통과할 때 두 방향의 인파를 통과하는 가장 빠른 속도는 동일하지 않지. 야시장을 구경하다가 문득 반대편 노점의 음식이 먹고 싶어지는 상황이야. 노점이 바로 앞쪽에 있다면 발걸음을 재촉해서 금방 도착할 수 있어. 하지만 노점이 뒤쪽에 있다면 인파를 밀어내고 천천히 반대쪽 인파를 헤쳐나가야만 해.” 성찬은 좀 더 자세하게 설명했다.

“네가 광장의 남동쪽 모퉁이에 있고 상대는 북서쪽 모퉁이에 있다고 가정해 봐. 최단 거리는 대각선이기 때문에 대각선을 따라 달리지만 실제로는 ‘북향 인파’를 뚫고 나가는 속도가 ‘남향 인파’를 제치고 가는 속도보다 훨씬 빨라. 그래서 좀 더 빨리 달릴 수 있는 북향 인파에서 더 먼 거리를 뛸 수 있는 것이지.”

“하지만 대각선에서 벗어나면 움직이는 경로가 더 길어지는걸요.”

성찬은 약간 놀라웠다. 그는 은석이 이렇게 수학적인 개념의 의견을 말할 수 있으리라고는 생각지 못했다. 그러고 보니 학생들의 수준이 그렇게 나쁜 것 같지는 않다. 다만 수학 수업을 좋아하지 않을 뿐이다.

“그렇지. 하지만 우리의 목적은 달리는 거리를 최소화하는 것이 아니라 상대를 따라잡는 시간을 최소화하는 것이라는 점을 잊지 말아야 해. 그래서 이것은 북향 인파 속에서 더 빨리 달릴 수는 있지만, 움직이는 경로는 증가하는 딜레마에 빠지게 돼. 그래서 이럴 땐 수학으로 최적의 달리기 전략을 구해야 하지. 북향 인파와 남향 인파 중 가장 빠른 이동속도를 각각 v_1과 v_2, 두 인파의 폭은 w_1와 w_2, 북향 인파에서 북쪽으로 이동하는 거리는 x, 광장의 남북 길이는 l이라고 해 보자. 피타고라스의 정리를 이용하면 직각삼각형의 빗변 길이는 다른 두 변의 제곱합이고 이동시간은 이동 거리를 이동 속도로 나눈 값이니까 이동에 필요한 시간 t는 아래 식과 같아."

$$t = \frac{\sqrt{w_1^2 + x^2}}{v_1} + \frac{\sqrt{w_2^2 + (l-x)^2}}{v_2}$$

성찬은 칠판에 공식을 써가며 자신의 말을 깔끔하게 정리했다. 물론 성찬 자신만이 '간단하고 깔끔하다'에 공감했을 뿐, 은석과 다른 학생들은 두 눈을 휘둥그렇게 뜬 채 아무런 반응이 없었다.

"이 식에서 x는 조정할 수 있는 변수야. 가장 빨리 그녀에게 달려가기 위해서 우리는 미분을 이용해서 극값을 구할 거야. 위의 식을 x에 대해 미분하면,

$$\frac{dt}{dx} = \frac{x}{v_1\sqrt{w_1^2 + x^2}} + \frac{-(l-x)}{v_2\sqrt{w_2^2 + (l-x)^2}}$$

이기 때문에 미분 결과를 0이라고 두고 정리하면,

$$\frac{x}{v_1\sqrt{w_1^2+x^2}}=\frac{(l-x)}{v_2\sqrt{w_2^2+(l-x)^2}}$$

을 얻을 수 있어. θ_1과 θ_2는 제1인파에서 제2인파로 들어올 때의 입사각과 굴절각으로 대응하는 사인함수는,

$$\sin\theta_1=\frac{x}{\sqrt{w_1^2+x^2}},\ \sin\theta_2=\frac{(l-x)}{\sqrt{w_2^2+(l-x)^2}}$$

이것은 모두 x와 관련이 있어. 따라서 최적의 x는 최적의 입사각과 굴절각으로 표현할 수 있고 결과는 아래와 같아."

$$\frac{\sin\theta_1}{\sin\theta_2}=\frac{v_1}{v_2}$$

성찬의 수학 뇌가 전속력으로 작동하는 모습을 보이자, 학생들은 모처럼 잡담을 하지 않고 칠판에 집중했다. 성찬은 짧지만 강렬한 이 집중력이 사라지지 않도록 더욱 열을 다해 설명을 이어갔다.

"식이 우리에게 알려주는 것은, 두 인파를 통과하는 가장 빠른 속

도 v_1과 v_2를 정해야 하고 우리는 반드시 다른 인파로 들어갈 때 입사각과 굴절각을 조정해야 한다는 거야. 두 각도의 사인값 비율이 속도 비율과 같다는 것에 근거해 가장 빨리 사람을 따라잡을 수 있다는 얘기지. 흥미롭게도, 이 식은 마침 빛의 진행 경로를 묘사하는 굴절 법칙에 사용되는데 다른 물질을 거치면, 굴절각이 생길 수 있다는 거야. 정말 빛처럼 최적의 굴절각으로 달린다면 그녀를 따라잡을 수 있을지도 모르지."

성찬의 설명은 단숨에 이루어졌고, 얼굴에는 만족스러운 표정이 나타났다. 고개를 돌려보니 모두 꼼짝도 않고 그를 바라보는 모습이 마치 '무궁화꽃이 피었습니다' 놀이를 하는 것 같았다.

"음…, 굴절 법칙은 바로 물컵에 젓가락을 비스듬히 넣으면 마치 수면에서부터 두 동강 난 것처럼 보이는 거지. 중학교 때 실험해 보지 않았어? 굴절 법칙을 모르는 건 아니지?"

하지만 아이들은 마치 술래가 고개를 다시 돌리지 않아 여전히 놀이가 진행되고 있는 듯 미동이 없었다.

"그럼 미적분은? 아, 미적분은 나중에 배우는 건가? 그럼 우리는 먼저 극한부터 이야기하면 좋겠네. 극한이란…."

수학 뇌를 닫은 성찬은 그제야 비로소 모두 자신의 말을 전혀 알아듣지 못하고 있다는 걸 깨닫고 서둘러 해명했다. 허둥거리며 원점으로 돌아왔으나, 그는 이 순간이 한 달 만에 처음으로 수학 설명을 할 때 학생들이 열심히 들은 것이라는 것을 어렴풋이 알아차렸다.

스승과 제자 사이에 정체되어 있던 공기가 처음으로 흐르기 시작했다.

최적화 문제

수학 없이도 어떤 일을 해낼 수는 있지만, 오직 수학으로 한 가지 일을 '가장' 잘 해낼 수도 있다. 위의 예에서 보면, 어떠한 연산 없이 누구나 광장의 한구석에서 다른 구석으로 달릴 수 있다. 그러나 수학적인 분석을 통해서만 어떻게 달리면 가장 짧은 시간이 걸리는지 알 수 있다.

제품의 생산 공정과 시간을 분배하고, 심지어 농구팀이 팀원의 출전 시간을 조정하고, 다른 팀원과의 조합 등, 모두 수학자가 분석하고 계량화해 '최적해'를 찾아낸다. 최적화 문제는 인간의 삶에 상당한 영향을 미치는 수학 분야이다.

02

꿀벌도 인기 벌집의 후기 댓글을 남긴다

인간은 '만물의 영장'으로 가장 귀한 존재로 대접받는다. 하지만 인간들의 집단행동은 종종 동물과 다름 없을 때가 있다. 인터넷에서 추천 맛집이 유명해지는 과정은 벌이 새로운 둥지를 찾는 과정과 같다.

"아니, 아직 다 말하지 않았는데 왜 급하게 밥을 먹으러 갔지?"

"그 식당은 내가 가 본 적이 있어, 바로 '지뢰'야."

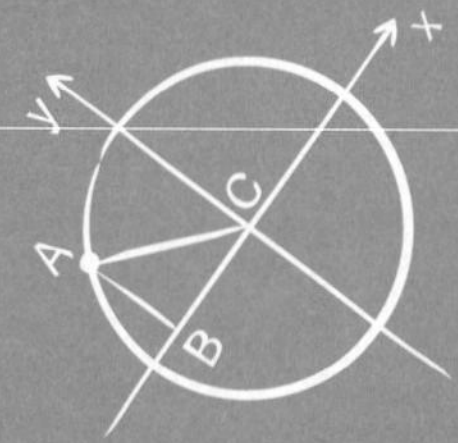

정한아,
주말에 여기 이탈리안 레스토랑에 갈래?
일주일 후…
이따가 다시 얘기하자. 수업 중에 잡담은 실례야.
맛집이라서 맛있을 것 같아.
음, 괜찮아. 파스타는 역시 까르보나라지.
맛집을 찾아다니는 건 마치 벌이 새로운 벌집 기지를 찾는 것과 같지.
인터넷 시대에 식당은 특색만 있으면 블로그, SNS를 통해 퍼져.
전 먹는 것에 가장 저항력이 없어요. 식탐도 있고 미식가이기도 해서 얼굴보다 큰 머핀이나 손바닥보다 작은 피자를 먹어본 적도 있죠.
블로거가 식당에 대한 평가를 나누는 것은 벌이 춤을 추는 것과 같아. 꿀벌은 정찰벌에 이끌려 함께 정찰 대열에 합류하지.
꿀벌은 새로운 둥지를 틀 때, 정찰벌을 먼저 보내.
정찰벌이 적합한 장소를 발견한 후, 다른 꿀벌 앞에서 먼저 춤을 춰.
유명한 집을 발견하는 것과 새 둥지를 트는 돌발현상은 이렇게 생겨나.
쌤, 돌발현상이 뭐예요?

일주일이 지나자, 수학 뇌가 폭발해 빚은 '빛의 가장 빠른 경로' 사건은 없었던 것처럼 느껴졌다. 학생들은 성찬을 이상하게 여기지는 않았지만, 그를 가깝게 생각하지도 않았다. 성찬 자신을 제외하고는 모든 것이 변함이 없는 것 같았다.

성찬은 겉으로는 예전처럼 수업을 하고 있지만, 사실은 자신을 하나의 인쇄기처럼 여기고 무의식적으로 참고서에 있는 해답을 칠판에 베껴내고 있었다. 그는 지금 지난번처럼 학생들의 수다에 열중하며 끼어들 때를 기다리고 있는 중이다. 교단과 학생 사이에 성공적으로 첫 번째 다리를 하나 놓았는데 다시 두 번째, 세 번째 다리가 놓이기를 희망하고 있는 것이다. 이처럼 자연스럽게 성찬은 '수업 시간에 학생들의 수다를 듣는 데 열중하는' 선생님이 되었다.

※

"오늘도 기회가 없나 보군." 성찬은 문제 풀이 완료를 뜻하는 '#' 번호를 맥없이 썼다.

"정한아, 주말에 여기 이탈리안 레스토랑에 갈래? 추천 댓글도 많고 스파게티가 수제야. 인테리어도 아주 끝내줘. 탁자 위에 놓인 이 레이스는 이탈리아 베니스의 부라노 섬에서 공수해온 것이라는데 정말 아름답지 않니?"

유아는 핸드폰에 담긴 이탈리안 레스토랑의 멋진 레이스 사진 화면을 열어서 정한에게 건네주었다. 학생들의 몸은 교실에 매여 있지만, 지루함을 이기려 조금이나마 쌤의 수업을 듣고 있는 중이다. 그런데 갑자기 유아의 핸드폰이 교실의 물리적 한계를 돌파하자 보이지 않는 블랙홀에 빠지듯 학생들의 주의력이 모두 유아의 핸드폰으로 빨려들기 시작했다. 성찬은 한숨을 내쉬었다.

“아직 수업 중이니 조금 있다가 볼게. 쌤 죄송해요.” 정한은 고개를 돌려 유아에게 신호를 보내고 쌤에게 사과했다.

“음, 괜찮아. 나는 파스타 하면 까르보나라가 제일 좋은데. 면 100g, 달걀 1개, 베이컨 50g, 파마산 치즈, 후추….” 성찬은 자포자기한 듯 레시피를 유창하게 읊었다.

“베이컨은 목살로 바꾸는 게 낫겠다.” 수학 시간에 뜬금없이 레시피를 들은 은석은 성찬을 힐끗 쳐다보았다. 수안은 여전히 고개를 숙여 역사책을 읽고 있다. 성찬이 수안의 필통에 매달린 고리 장식을 유심히 보니 비디오 게임 〈삼국무쌍〉의 조운 인형이다. 여학생도 이런 게임에 관심이 있나 보다.

“역시, 수안이는 역사에 관심이 많은 ‘역사녀’인 거지?” 갑자기 조건이 충족되면 자동으로 열리는 보물상자처럼 성찬은 무의식적으로 입이 열렸다. 아이들의 관심사를 집중공격하면 언젠가 대화를 시작할 수 있을 것 같았다. 하지만 수안은 별 관심 없다는 듯이 책에 열중했다. 다음 차례는 유아다.

"유아처럼 인터넷을 통해 유명한 맛집을 찾는 행위는, 사실 벌이 새로운 벌집을 틀 자리를 찾는 과정과 매우 유사해. 인터넷 시대에는 특색만 있으면 어느 식당이든 블로그, SNS를 통해 퍼지지. 너희들도 알다시피 클릭만 하면 바로 많은 맛집을 알 수 있잖아?"

"전 먹는 것에 가장 저항력이 없어요. 식탐도 있고 미식가이기도 해서 얼굴보다 큰 머핀이나 손바닥보다 작은 피자도 먹어본 적 있어요." 은석은 손으로 머핀과 피자의 크기를 비교했다. 성찬이 말을 이었다.

"너희들이 맛집을 찾는 것과 벌들이 집을 찾는 과정이 왜 비슷한지 말해줄까? 벌들은 새로운 둥지를 틀려고 할 때 먼저 정찰 벌을 보내 탐색을 해. 이 동작은 새로운 가게가 문을 열면 미식 블로거가 이 집은 얼마나 근사한지 유심히 관찰하는 것과 아주 비슷하지. 정찰 벌은 적합한 장소를 발견하면 벌집으로 돌아가 다른 벌 앞에서 춤을 추며, 춤으로 새로 발견한 장소가 얼마나 근사한지를 묘사해."

"벌들이 춤을 춘다고?" 유아는 미간을 찌푸리고 의심스러운 표정을 지었다. 드디어 관심 공격이 통했다. 성찬은 재빨리 말을 이었다.

"미식 블로거가 어느 식당에서 요리를 맛본 후, 사진을 찍고 블로그에 식당에 대한 평가를 공유하는 것은 벌이 춤을 추는 것과 같아. 꿀벌들은 정찰 벌이 신나게 춤추는 것을 보고 흥미가 있으면 함께 그 장소에 날아가 보기도 하지. 미식 블로거의 글을 읽은 네티즌들이 추천한 맛집을 방문하고 다시 그 맛집을 공유하는 것과 똑같지. 그 장소가 정말 멋진 곳이라면 더 많은 꿀벌들이 끝까지 탐구하고 보다 많은 벌들에게 공유하는 거야. 유명한 맛집과 새로운 벌집의 돌발현상emergence은 이렇게 생겨나게 돼."

정한은 손을 들어 성찬의 동의를 얻은 후 일어나 질문했다. "쌤, 돌발현상이 뭐예요?" 다른 학생들의 제멋대로인 태도에 비해 정한의 예의 바른 모습이 오히려 성찬에겐 익숙하지 않았다.

"돌발현상은 아주 간단한 요소나 행위들이 서로 영향을 미치다 결국 복잡한 전체를 이루는 것을 말해. 개미집처럼 개미의 행동은 분명 단조롭지만 결국에는 복잡한 개미굴을 만들어내는 거지. 벌들 중에서도 첫 번째 정찰 벌이 춤을 추는 데 가장 힘을 써. 가장 복잡한 동작을 해야 하거든. 그리고 두 번째, 세 번째의 벌은 춤이 점점 간단해져. 그다지 인기 없는 벌집 후보지를 발견한 벌들은 춤사위를 점점 더 단순하게 만들다 결국엔 줄어들고 그곳은 탈락하게 되는 거야. 맛집도 개업 첫날은 블로거들이 우르르 몰려와서 기본적으로 평들이 좋지만 시간이 지나면 시들시들해지는 것과 똑같아."

"그러고 보면 인간은 사실 그렇게 똑똑하지도 않은 것 같고 하는 일은 꿀벌과 비슷하네요." 유아가 말했다.

"음, 그렇진 않아. 인간은 꿀벌보다 훨씬 똑똑해. 예를 들어, 꿀벌들은 '집 찾기의 달인이 된 벌'이라는 건 없지만 인간들은 그런 능력이

있지. '미식의 달인'들은 어떤 블로거가 추천한 맛집과 그 식당의 실제 상황에 근거해서 블로거의 능력을 평가할 정도로 뛰어난 미각이 있지."

"맞아요. 그 사람들은 마치 맛집 플레이어 같아요." 은석이 손가락을 튕겼다.

"맞아, 수학적으로 보면 최고의 맛집을 찾는 속도를 높일 수 있어. 하지만 현실에서는 미식가라는 유명세 때문에 특별대우를 받는 경우가 있어서 평가의 공정성에 영향을 미칠 수도 있지."

"마치 곰돌이 푸우가 꽃가루 한 무더기를 정찰 벌에게 뇌물로 주면서, 가장 좋은 새 벌집 둥지를 추천해 달라고 부탁하는 것과 같네요. 채광이 좋고 온도가 적당하며, 또한 푸우가 정기적으로 꿀을 훔쳐 먹게 할 수 있는 그런 곳으로요." 은석이 말을 이었다.

이렇게 자신의 생각으로 설명을 할 수 있다는 것은 완전히 이해했다는 뜻이다. 성찬은 어쩌면 그가 '처음으로 학생들에게 개념을 가르친 것이 아닐까?' 하는 안도감을 느꼈다. 교단과 학생 사이에 또 하나의 다리가 놓이는 계기가 된 기분이었다. 그는 고개를 끄덕이며 이렇게 마무리 지었다.

"인류는 절대적으로 꿀벌보다 총명해. 하지만 이런 총명함이 어쩌면 항상 좋은 것은 아닐지도 모르지."

"그렇군요. 이건 오히려 총명해서 잘못된 경우도 많아요. 악용을 하기 때문이죠. 참, 정한아, 마침 웨스턴 레스토랑에 행사가 있는데, 넌 어때?"라고 유아가 말했다.

"좋아, 난 햄버거는 무조건 레고!" 성찬은 학생들의 잡담을 틈타 재빨리 수업과 관련된 이야기를 이어나갔다.

"벌을 가지고 인간의 행동을 설명했는데 반대로 생체 행동을 참고해서 설계한 기술도 있지. 바이오닉스 알고리즘…." 하지만 성찬의 목소리는 학생들의 수다에 파묻혔다. 학생들과의 다리는 몇 초밖에 유지되지 못하다가 곧 다시 무너졌다.

내 말 좀 들어줄래!

바이오닉스 알고리즘

과학자들은 생물학적 행동을 관찰함으로써 이러한 행동을 수학적으로 귀납, 분석한 후 문제를 해결하는 많은 방법을 발전시켰다. 이러한 방법을 총칭해 '바이오닉스bionics 알고리즘'이라고 한다. 예를 들어, 여기에서 소개한 꿀벌이 벌집을 찾는 경우, 벌집 최적화bee colony optimization라는 알고리즘이 있다. 한 무리의 개체에서 가장 적합한 것을 찾아야 할 때 컴퓨터 프로그램은 많은 가상의 꿀벌을 '방출'하고, 가상 꿀벌은 벌집을 찾듯이 탐색하며 춤을 추면서 가장 좋은 대상을 찾아낸다.

03

두둥! 수학 천재의 등장

같은 표현이라도 고대의 한자는 몇 글자만 있으면 되었지만, 현대의 한자는 한 줄로 꿰어야 한다. 숫자에서도 마찬가지로 십진수 7을 이진수로 나타내면 111이다. 낮은 진법 시스템일수록 표시법이 길어지는 것이다.

"뭐라고? 쌤이 한 말을 못 알아듣겠어? 내가 말한 것은 수학이지 화성어가 아니라고!"

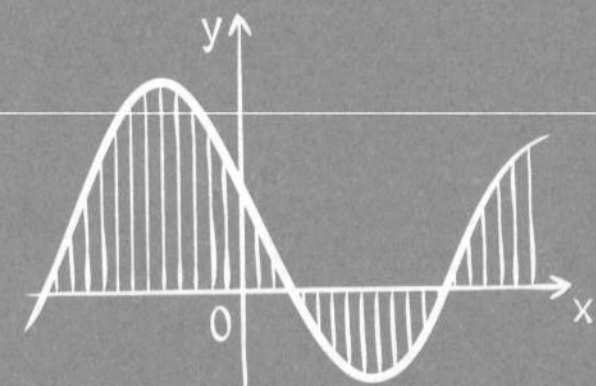

단에서 내려오면
생들과 가까워진다고?
유아!
핸드폰을 가지고
놀면서
쌤 뒷담화를….
쌤, 제 핸드폰
훔쳐보지 마세요.
iPAD
쌤, 죄송하지만
개인 공간 좀
지켜주시겠어요?
히 학생들과
를 좁히려면
에서 내려와
이 다가가야
고 했는데?
아…
아!
뭐?
응?
수안은
뭘 보고 있어?
수안은
영어계의
슈퍼우먼이죠.
스크랩을
하구요.
대단한걸?
우리반에
수학계의
황금 카드도
있었으면….
조카는 영어로
nephew인데
Globish에서는
'the son of my
brother'라고 하죠.
Globish는
1500개의
영어단어를 가진
국제언어구요.
분명히 같은 걸
말하는데
글자 수가
많아졌어.
국어, 역사,
지리계의
슈퍼우먼이기도
해요.
쌤,
황금 카드라니요?
수안,
스크랩을
모두에게
공유할까?
이건 마치
'진법' 같아!

성찬은 학생들과의 거리를 좁히려면 교단에서 수업만 할 것이 아니라 학생들 틈으로 들어가 그들과 교류해야 한다고 생각했다. 그런 생각으로 서서히 학생들의 책상 사이로 걸어가고 있을 때였다.

"쌤, 제 핸드폰 훔쳐보지 마세요." 겨우 한 발짝 다가갔을 뿐인데 유아는 성찬 쪽을 향해 소리쳤다.

"네 핸드폰 본 거 아니야. 걱정 마."

"야. 수업 시간에 핸드폰 가지고 놀면서 쌤이 휴대폰 봤다고 성질이냐!" 은석이 핀잔을 주듯 말했다. 유아는 지지 않았다.

"그래도 이건 엄연한 사생활이거든? 쌤, 죄송하지만 개인 공간은 좀 지켜주시겠어요?"

성찬은 한숨을 쉬며 어쩔 수 없이 교단으로 돌아왔다. 유아는 핸드폰을 하느라 여념이 없고, 다른 친구들의 책상 위에는 다른 과목들의 교과서들이 버젓이 올라와 있다.

"쌤, 내일 영어시험이 있는데 오늘 자습 시간 좀 주세요." 은석은 두 손바닥을 맞대고 사정하듯 빌었다. 이 학교에선 정기고사, 모의고사 외에도 학기마다 과목별로 1회씩 시험을 치르게 되는데, 시험성적 상위 50위권인 '선두 집단'과 최하위 50위권인 '선두 따라잡기'가 게시판에 붙는다.

수안의 책상 위에는 스크랩 한 장이 있었다. "수안이는 뭘 보고 있니?" 갑자기 지목당한 수안은 당황했다. "아! 이거요? 시사 문제인데,

평소에 신문에 나온 영어를 정리하고 있어요."

"교과서는 다 복습했고?"

"쌤 모르셨어요? 수안이는 교과서를 볼 필요가 없어요. 걔는 영어 시험계의 짱이에요."

"그렇구나. 또 수안이는 수학계에서는 마셈페 데코Masempe Theko 같은 인물이지." 성찬은 아이들의 잡담에 끼어든 틈을 타 다시 한번 아이들이 관심 가질 만한 인물을 소개했다.

"그게 누군데요?"

"아프리카 레소토의 올림픽 수영 대표지. 그 나라에는 올림픽 경기 연습에 적합한 수영장이 하나밖에 없어서 환경이 매우 열악해. 2012년 런던 올림픽 자유형 50m 예선 경기에서 데코는 42초 35를 기록해서 1위보다 무려 18초나 늦었어. 이 '18초'라는 기록은 1등 선수가 두 번 경기를 뛴 기록이나 마찬가지야. 하지만 그는 늦더라도 끝까지 완주한 스포츠맨 정신으로 많은 격려를 받았어."

"하긴, 수안이는 성적은 월등하진 않지만, 수학 시험 때 종이 칠 때까지 버티고 시험지를 제출하니까." 유아가 수안이를 격려하듯 말을 이었다.

"그런데 수안이는 문과 과목에서는 어떻게 그렇게 대단해?" 성찬이가 목소리를 키우자 수안의 두 뺨이 붉게 물들었다. 성찬은 화제를 돌려 다른 질문을 했다.

"그런데 이 학교에서 수학은 누가 제일 잘하지?"

"수학계의 우사인 볼트Usain Bolt요? 무조건 연준이죠!"

성찬은 일찍이 이 천재 소년에 대한 소문은 알고 있었다. 반에 그 학생만 있다면 스승의 업적이 세 단계는 뛰어오른다는 풍문이 돌았다. 성찬은 '그런 플러스 황금 카드가 우리 반에 있으면 좋겠다'고 중얼거렸다.

"쌤, 무슨 황금 카드 말씀이세요?" 성찬은 어리둥절하다가, 속마음을 말해버린 것을 깨닫고는 급히 화제를 돌릴 방법을 강구했다.

"아니야. 저기, 수안아! 그 스크랩 친구들과 공유할 수 있어? '세계화의 영어 Globish'에 관한 것이던데. 그게 뭔지 좀 알려줘라."

수안은 작은 소리로 설명했다.

"글로비시는 프랑스인이 제안한 국제언어로, 1,500개의 영어단어만으로 일상생활의 의사소통을 가능하게 하는 글로벌 영어예요. '조카'의 경우 영어로는 'nephew'라고 하지만 Globish에서는 'the son of my brother'라고 하죠. 이 언어를 쓸 경우 쓸데없이 많은 단어를 외우지 않아도 되죠!"

"와! 대박이다!" 학생들은 환호했다.

성찬도 글로비시에 관해 들은 적이 있었다. 여러 가지 어려운 단어들을 간단한 몇 가지 단어로 어떻게 묘사해야 하는지에 대해 많은 사람이 토론한 뒤 나온 결론이었다. 성찬은 이와 관련해 수학적인 두뇌가 다시 번뜩였다. 아이들에게 수학을 가르칠 절호의 기회였다.

"참, 너네 진법이라고 들어본 적이 있어? 우리가 흔히 쓰는 것은 십진법인데, 1부터 9까지 세고, 그다음 수는 두 개의 숫자로 표시하지. 예를 들어, 199는 1개의 100에 9개의 10을 더하고, 다시 9개의 1을 더한 거야."

"원래 그렇게 하잖아요. 다른 방법이 있어요?" 유아가 반박했다.

"이진법도 있지. 예를 들어 십진법에서 2는 이진법에서 10으로 나타내는데 그 의미는 2에 0을 더하면 10을 뜻하며, '십'이 아니라 '일영'이라고 읽어." 성찬은 모두가 잠자코 있는 것을 보고 계속해서 예를 들었다.

"60초를 1분으로 하고, 60분을 1시간으로 하면 육십진법이지." 정한이 '오' 하고 감탄하며 '어째서 전에는 한 번도 생각을 못했지'라는 표정을 지었다. 성찬은 학생들의 관심이 집중되자 끊기지 않도록 말을 이었다.

"다시 말해 e, 112, 1110, 모두 같은 숫자야."

"e는 16진법의 14, 112는 3진법의 14, 1110은 2진법의 14야."

정한이 손을 번쩍 들고 일어서며 물었다. "쌤, 진법의 정확한 뜻은 뭐죠?"

"X진법은 한 자리에는 서로 다른 숫자를 나타내는 X개의 기본 숫자가 있다는 뜻이야. 우리는 잠시 이런 기본 숫자를 원자라고 부를 건데, 이진법의 각 자리에는 (0, 1) 이 두 종류의 원자만 있을 뿐이고, 16진법에는 0에서 9까지 외에 a, b, c, d, e, f까지 모두 16종류의 원자가 있어. 진법의 계산과정은 십진법으로 말하면 이렇게 될 수 있어.” 성찬은 칠판에 식을 썼다.

$$14 = 1 \times 10^1 + 4 \times 10^0$$

“1개의 10과 4개의 1(10의 0승)을 더하는 거야.”

“음… 뭐 특별한 계산 방식은 아니네요.” 유아는 지금까지 이건 너무 당연한 이치라고 생각했는데, 왜 시간을 들여서 설명하느냐는 식으로 시큰둥하게 말했다.

“맞아, 이 방식은 간단해 보이지만, 진법의 핵심을 내포하고 있어.” 성찬은 또 식을 썼다.

$$14 = 9 + 3 + 2 = 3^2 + 3^1 + 2 \times 3^0$$

“이 표현에서 알 수 있듯이 1개의 9(3^2)에 1개의 3(3^1)을 더하고 다시 2개의 1(3^0)을 더하는 것으로 쓸 수 있어. 즉, 3진법의 14는 112로 나타나지.” 칠판에 14에 대한 세 번째 식이 나타났다.

$$14 = 1 \times 2^3 + 1 \times 2^2 + 1 \times 2^1 + 0 \times 2^0$$

“이 식은 왜 2진법에서 14가 1110으로 표현되는지 설명해. 16진법은 e가 14번째 원자이기 때문에, 한 자리로 14를 나타낼 수 있어." 성찬이 분필을 내려놓고 돌아서서 아이들과 눈맞춤을 했다.

"높은 진법일수록 적은 자릿수로 같은 수를 나타낼 수 있다는 것은 일리가 있어. 정한아, 앉아서 질문해도 돼." 성찬이 손을 뻗어 일어서서 질문하려는 정한을 제지하자, 정한은 고개를 끄덕이며 인사를 한 후, 자리에 앉아 말했다.

"쌤, 질문이 있습니다. 방금 말씀하신 이치는 높은 진법에서 더 많은 원자를 쓸 수 있기 때문인가요?" 성찬은 고개를 끄덕였다.

"맞아. 더 많은 원자를 쓸 수 있고 각 자리마다 더 많은 수를 표현할 수 있어. 16진법은 원자가 많기 때문에 한 자리만으로 14라는 숫자를 나타낼 수 있었어. 반면 2진법 원자는 매우 적기 때문에 14를 나타내기 위해서는 네 자리가 필요해."

그는 식 옆에 세 장의 그림을 그렸다. 모두 하나의 기점에서 출발해 14개의 목적지가 있으나 가운데 갈림길은 다르게 생겼다.

"시작점에서 출발해 14개 목적지 중 한 곳까지 갈 때 16진법은 1에서 e까지 14개의 길을 쭉 펼쳐놓은 것과 같지. 2진법은 14개의 길이 4개의 그룹으로 나누어지고 각각이 다시 두 가지로 나누어져 이 순서대로 가게 돼. 16진법의 e로 가려면 2진법에서는 왼쪽(1), 다시 왼쪽(1), 여전히 왼쪽(1), 마지막으로 오른쪽(0)을 골라야 해."

"2진법은 설명하는 것조차 장황한데, 쓰려는 사람이 있나요?" 유

아가 의아하다는 듯이 물었다. 성찬은 유아의 핸드폰을 가리키며 말했다.

“바로 그 핸드폰에서 쓰이지. 2진법의 표현 방법이 복잡하긴 하지만 다른 각도에서 보면 가장 간단하거든. 예를 들어, 전류는 켜고 끄는 것밖에 없기 때문에 핸드폰에서의 연산은 모두 이진수이며 0과 1로 나타낼 수 있고 뭐든 다 계산할 수 있어.”

“아주 간단한 0과 1로 표시하는 2진법은 Globish와 매우 닮았네요.” 수안은 모처럼 적극적으로 의견을 개진했다. 학생들은 순식간에 조용해져 수안의 말에 귀를 기울였다.

“그런데 쌤, 고대 한자에는 어려운 한자가 많지만, 보통은 비교적 짧아요. 고대 한자는 16진법으로, 현대 한자는 4진법, Globish는 2진법으로 생각해도 될까요?”

성찬은 한 번도 이런 각도에서 생각해 본 적이 없었다. 그는 매우 신기했다. 게다가 이것은 언어계의 슈퍼우먼과 관계를 맺을 수 있는 절호의 기회다. 그가 잠시 생각에 빠졌을 때, 수안이 만지작거리고 있던 인형이 영감을 줬다.

“그렇지. 한자는 훨씬 간결하지, 예를 들어보자. 오래 전 제갈량은 출정을 하기 전에 〈출사표〉를 상서했는데 이는 대소사를 교부하는 중요한 문서야. 지금으로 치면 이 보고서는 틀림없이 만자가 넘을 텐데, 〈출사표〉는 764자에 불과하지.” 삼국의 역사를 듣자 수안의 눈이 반짝였다.

"고대에는 글쓰기 기술이 발달하지 않았고, 글쓰기 수준이 너무 높았기 때문에 사람들은 더 많은 글을 쓰기는 힘들었을 거예요."

"아마 그랬을 거야. 게다가 높은 수준의 지식은 독한 술처럼 모든 사람이 다 마실 수 있는 것도 아니어서 지식의 보급에 제한이…."

이야기를 나눌수록 성찬은 신이 나서 학생들과의 교감에 빠져들었다. 그때 '플러스 황금카드'가 조용히 뒷문으로 모습을 드러낸 것을 아무도 눈치채지 못했다.

내 말 좀 들어줄래!

진법

진법은 '수가 어느 정도 커지면 한 자리를 더 표시해야 한다'로 이해할 수 있다. 10진법의 경우 숫자가 9보다 크면 두 자리로 표시하고, 이진법의 경우 1보다 크면 두 자리로 표시한다. 하나의 식에 다른 진법이 있는 경우에는 10진법의 14를 예로 들어 $(e)_{16}=(14)_{10}=(112)_{3}=(1110)_{2}$라고 나타낼 수 있다.

오른쪽 하단의 숫자는 16진수, 10진수, 3진수, 2진수 순으로 진법을 나타낸다. 자리 올림에 따라 용도가 다르고, 일상생활에서 모두 십진법만을 사용하는 것도 아니다. '바를 정(正)' 자로 사람 수를 헤아리는 것은 5진법과 같다.

04

A 시리즈 종이를 모두 만들 수 있는 '백은 비율'

같은 영화를 핸드폰, 컴퓨터, TV 등 크기가 다른 화면에서도 시청할 수 있다.
이는 비율과 관련된다. 비율만 같다면 확대든 축소든 문제가 없다.
"음, 지금 당장 핸드폰으로 영화를 보라는 뜻은 아니야!"

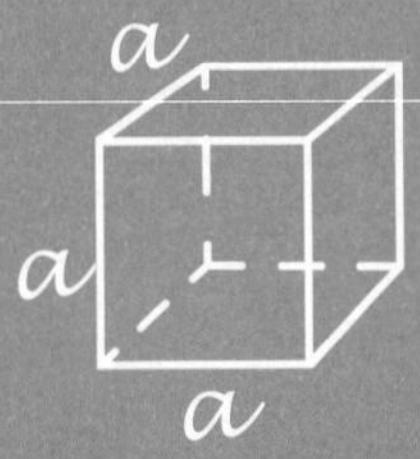

수안은 한번 이야기를 시작하면 멈추지를 않아.
연준
쌤, 청강해도 될까요?
!?
네가 바로 전설의 연준?
담당쌤께서 걱정하실 텐데.
무슨 그런 말을~
네 수업은 어떡하고?
방금 만화방에서 왔거든요.
그럼 진법에 대해 여쭤봐도 될까요?
쌤, 연준이에겐 특권이 있어요.
어차피 보충반일 뿐인데요 뭘.
좋아.
연준이의 교사 면접시간이 왔군.

"쌤, 청강해도 될까요?" 빳빳하게 다려진 교복에 '연준'이라는 이름이 수놓여 있었다. 연준도 정한처럼 질문하기 전에 항상 먼저 손을 든다. 정한이 팔을 곧게 펴고 예의를 갖춘 모습이라면 그는 흥겹게 반쯤 팔을 들고 있어 뭔가 홀가분하고 편안한 느낌을 주었다.

"네 수업은 어떡하고?"

"저는 방과 후 수업을 들은 적은 없고 보통 학교 옆 만화방에서 은석이를 기다려요. 심심해서 어슬렁거리다가 마침 쌤 수업이 너무 재밌어서 들어왔습니다."

성찬이 의심스러운 표정을 짓자 은석이 말했다.

"쌤, 이 녀석은 '특권자'예요. 쌤들은 얘가 교실에 있든 없든 신경 안 써요. 더 정확하게 말하자면, 시험 때는 연준이의 답안이 적힌 시험지만 있으면 돼요."

'내 수업이 만화방보다는 나을 테니 쌤으로서 거절할 이유는 없지. 하물며 그 유명한 수학 천재 연준이라니, 만약 이 녀석이 내 수업에 남을 수만 있다면, 어쩌면 다음 학기에 정규직 교사로 전환될 희망이 있을지도…. 앗, 우선 너무 멀리 생각하지 말자.' 성찬은 속마음을 정리한 뒤 흔쾌히 수락했다.

"감사합니다. 그럼 쌤이 지난 수업에서 소개한 진법에 대해 여쭤봐도 될까요? 방금 시간은 60진법으로 1분에 60초, 1시간에 60분이라고 하셨는데 시간을 발명한 사람은 왜 이렇게 번거로운 60진법을 썼을까요? 십진법을 쓰지 않고?"

"풉, 연준이의 교사 면접시간이 왔군." 은석이 작은 소리로 수안에게 소곤거렸다.

"연준이는 겉으로는 부드럽고 착한 모습이지만, 교과서대로만 가르치는 쌤은 평가 절하하지. 매번 새로운 쌤을 만나면 일부러 곤란한 질문을 해서 쌤을 시험하는데, 만약 기대한 답변을 못 받으면 그 쌤은 수업 시간에 다시는 연준이를 볼 수 없게 돼." 요즘 교육에 대한 일종의 연준만의 '반항' 방식이다.

수안은 은석의 말에 호기심이 돌았다. "그럼, 쌤들은 쉽게 대답해?"

"연준이가 수업에 소홀하고 학교에서 어슬렁거리면서 다니는 걸 보면 알 수 있지 않아?" 은석은 고개를 가로저으며 성찬을 향해 걱정스러운 눈빛을 보냈다.

성찬은 의외의 질문에 고개를 한번 갸웃한 뒤 자신있게 대답했다.

"60진법이 잘 분배되기 때문이지. 연준이 굉장히 똑똑하다고 해서 진작에 답을 알고 있는 줄 알았는데?" 성찬의 반격에 연준의 얼굴에는 불쾌한 기색이 스쳤다.

"우리는 시간을 나누어서 사용하곤 하는데, 비유하자면 1시간을 삼등분한다면 책을 읽고, 노래를 듣고, 숙제를 할 수 있지. 만약 1시간이 10분이라면 현대인은 분수를 쓸 수 있겠지만, 옛사람들은 분수의 개념이 없었기 때문에 그들에게는 큰 난제가 됐을 거야."

성찬은 칠판에 60의 인수분해를 썼다.

$$60 = 2^2 \times 3 \times 5$$

“인수분해로 60의 총 3×2×2=12개의 인수 1, 2, 3, 4, 5, 6, 10, 12, 15, 20, 30, 60을 구해. 즉, 60진법을 이용해서 옛사람들은 1시간을 여러 가지 다른 등분으로 쉽게 나눌 수 있었어.”

“60보다 더 많은 인수를 가지는 수는 없나요?” 연준은 규칙적으로 책상을 가볍게 두드리며 말했다.

“음, 계산해 봐야 할 것 같네.” 성찬은 생각하다가 분필을 집어들었다. 성찬이 계산을 하려 했지만, 연준이의 대답이 앞질렀다.

“정말 없네요. 모든 두 자릿수 중에 60, 72, 84, 90 은 12개의 인수를 가지는데 그중 가장 작은 것이 60이네요.”

“벌써 계산을 다 한 거야?” 성찬은 10초도 안 되어 10~99의 모든 수의 인수를 계산하는 모습이 역시 전설의 수학 천재라는 생각에 매우 놀라웠다. 연준이 별것 아니라는 듯이 말했다.

“계산일 뿐인걸요. 쌤이야말로 이렇게 많은 것을 알고 있다니 대단하시네요. 쌤께 여쭤볼 다른 질문이 있는데 괜찮으신가요?”

“좋아!” 연준의 면접시간이 연장전에 들어갔다. 면접이 시작되기 전, 연준은 “쌤은 다른 사람들과 달리 정말 재미있어요. 쌤 수업을 들으니 새로운 지식을 많이 접할 수 있을 것 같아요. 만약 쌤이 이 문제를 풀 수 있다면, 저는 쌤의 보충반으로 옮기겠습니다."라고 말했다.

"어? 뭐! 좋아 좋아!"

"쌤 입꼬리 올라간 거 봐. 정말 못봐주겠네. 연준이가 온다니까 우린 잊으신 거야." 은석이 서운해하자 성찬은 그렇지 않다며 황급히 변명했다. 반을 옮기는 것은 쉬운 일이 아니기 때문에 정말 실행 가능할지 의문이라고 성찬은 생각했다.

연준은 곧장 교단 탁자 위의 계산지를 집어 들고 허공에 두 번 털며 "쌤이 이 종이에 대한 수학의 이치를 좀 말씀해주실 수 있을까요? 가로 몇 ㎝, 세로 몇 ㎝는 은석이도 할 수 있으니 그런 것 말고요."

"아니, 은석이도라니? 내가 비교급에서 최하급이라는 말이야?" 은석의 말에 연준은 농담이라는 듯 눈을 찡긋거렸다. 성찬은 성급히 주의를 집중시켰다.

"자, 잡담 그만하고 모두 주의 집중하도록. 연준이가 집어 든 이 종이의 가로와 세로 비는 $\sqrt{2}:1$이다. 이 비율은 리히텐베르크 비율Lichtenberg ratio이라고 하지."

"그 비율이 뭐가 특별한가요?"

"이 비율은 크기에 상관 없이 모두 똑같아. 이 종이 용지의 규격은 A4인데 A0, A2, A4든 상관없이 각 규격의 가로와 세로의 비율은 동일해. 그리고 A0의 긴 변을 반으로 접은 후 자르면 2장의 A1을 얻을 수 있고, A1을 같은 방법으로 반으로 접은 후 자르면 2장의 A2를 얻을 수 있어. 다시 말해 A시리즈 종이 한 장만 있으면 원하는 크기의 A시리즈 종이를 모두 만들 수 있다는 거야."

성찬은 연준의 손에 든 종이를 받아 A4를 접어서 변한 A5, 그리고 A4 두 장을 붙여 만든 A3를 모두 자석으로 칠판에 붙였다. 확실히 크기가 다른 세 종류 종이의 가로, 세로 비율이 똑같다.

"그리고요?" 유아가 물었다. "이런 특징은 모든 종이의 가로와 세로 비율이 일정한 것이 아니라 반드시 가로, 세로 비율이 리히텐베르크 비율에 맞아야 하지. 원래 $\sqrt{2}:1$이기 때문에 긴 쪽을 반으로 접으면 $1:\dfrac{\sqrt{2}}{2}$, 정리하면 …" 성찬은 칠판에 식을 썼다.

$$1:\frac{\sqrt{2}}{2}=2:\sqrt{2}=\sqrt{2}:1$$

"참, A4는 21cm×29.7cm, 29.7/21≒1.41로 $\sqrt{2}$에 가까워요." 은석이는 자를 높이 들어 측정 결과를 선포했다.

"그렇군요, 이 비율은 처음 들어보는데요." 연준은 고개를 끄덕였다.

성찬은 자신이 연준의 피면접자기 되고 있다는 것을 무의식적으로 느끼고 그의 반응을 살피다 이대로 끝나면 연준이 만족하지 못할 것이라는 생각이 들었다.

"리히텐베르크 비율 말고도 이 종이는 '백은 비율silver ratio' $(1+\sqrt{2}):1$, 약 2.414 : 1을 숨기고 있어."

"백은 비율?" 은석의 의문에 연준은 비슷한 황금비율은 들어봤다고 말했다. 은석은 "백금이 아니고 황금? 하하!"라며 웃었다.

"황금 비율도 있지."

"그래요?" 은석은 의자에서 벌떡 일어났다. 성찬은 계산지 두 장을 수직으로 엇갈리게 포개어 한 귀퉁이를 맞추고 다시 겹치는 정사각형 구역을 잘라내 나머지 직사각형들을 들어 올렸다.

"이 직사각형의 가로와 세로 비율이 백은 비율이야. 우리는 A4 용지의 가로와 세로의 비가 $\sqrt{2}:1$임을 확인했어. 짧은 변을 한 변의 길이로 하는 정사각형을 자르면 남는 직사각형의 가로 세로의 길이 비는 $1:(\sqrt{2}-1)$이고, 두 값에 $(1+\sqrt{2})$을 곱하면 백은 비율을 얻을 수 있어."

칠판에 식 $1:(\sqrt{2}-1) = (1+\sqrt{2}):1$이 추가되었다. 그러자 유아가 "그 백은 비율로는 뭘 할 수 있어요?"라고 물었다.

"백은 비율은 예술에 크게 기여해."

성찬은 칠판에 마름모꼴을 그렸다. 처음으로 칠판의 반을 채우는 순간이었지만 다행히 지금까지 아무도 잠들지 않았다.

"똑같은 크기의 마름모꼴 세 개, 두 대각선의 비율이 백은 비율이

야. 우리가 그것들을 이렇게 배치했을 때, 바깥의 몇 개의 점을 선으로 이어 그린 더 큰 마름모꼴은 가로와 세로 비율이 $(3+2\sqrt{2}):(1+\sqrt{2})$이고, 두 값을 똑같이 $(1+\sqrt{2})$로 나누면, 가로와 세로 비율도 마찬가지로 백은 비율에 부합한다는 것을 발견할 수 있어."

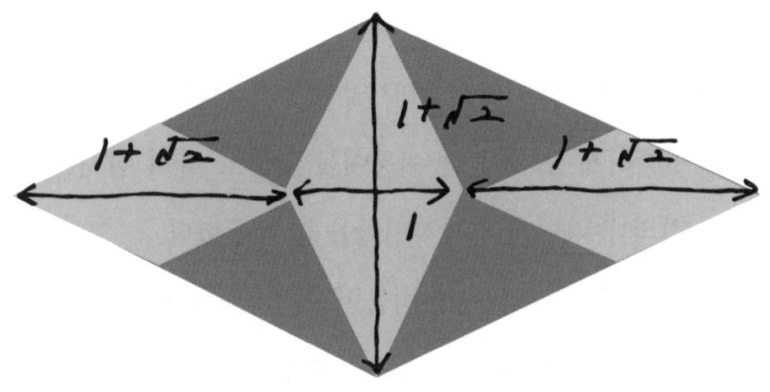

"이렇게 특수한 마름모꼴은 아랍풍 테셀레이션의 기본 요소야. 이른바 테셀레이션이 흔히 사용되는 예는 바닥 타일인데 교실 바닥은 가장 단순한 정사각형 테셀레이션이지. 가끔 산책로는 육각형으로 테셀레이션하기도 해. 백은 비율에 맞게 디자인된 것은 Ammann-Beenker tiling으로 나누며…."

"쌤, 수업 끝날 시간이에요."

"어?" 성찬은 수업에 몰두하느라 종이 울린 것도 눈치채지 못했다.

비율

같은 영화를 서로 다른 크기의 핸드폰, 컴퓨터, TV에서 볼 수 있는데, 이는 화면마다 가로와 세로의 비율이 같기 때문이다. 비율은 생활에서 가장 많이 나타나는 수학적 요소로 크기를 고려하지 않고 상대적인 관계만을 고려한다.

이러한 이유로 A:B 또는 A/B로 적는 비율은 가장 간단한 분수와 마찬가지로, 보통 두 숫자에 공통인수가 없도록 간략화한다. 예를 들어, 6:4는 3:2로 표현된다. B를 1로 하면, 3:2를 1.5:1로 적는 것과 같이 소수를 쓰는 표현도 있다. 여기서 백은 비율과 다음 편의 황금비율은 모두 이런 표현을 쓴다.

05

숏다리도 몸짱으로 보이는 수학의 황금비율

"쌤, 저는 키가 160cm이고 다리 길이는 95cm인데, 얼마나 높은 굽의 신발을 신어야 황금비율을 가질 수 있을까요?"

"10.18cm."

"어머, 내가 수학을 정말 잘 활용한다고 생각한 건 처음이야!"

"키 $h$cm, 다리 길이 $x$cm라고 할 때, 계산과정은…."

"쌤, 간단하게 어떻게 계산하면 좋을까요?"

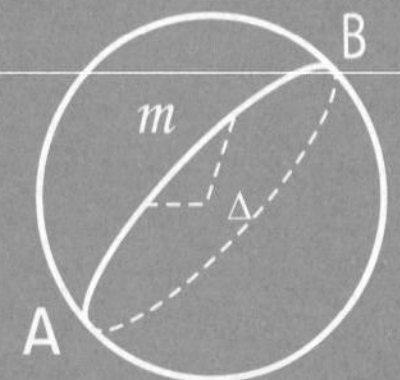

쌤,
왜 이렇게
아는 게 많아요?
어쩌다 보니
알게
된 거라….
어….
이런 말이 있지.
전복 네 개와
한 송이 꽃은
어떤….
선한 사람과 함께는
난초 향기의 방에
들어가는 것과 같고,
악한 사람과 함께는
건어물 가게에
들어가는 것과 같다.
대단하군!
역시 어문계의
달인.
유아는 치마 접는
쌤이네.
아냐,
쌤은 아니고
체육부장이지.
수안은
국어 쌤이지.
응.
나는
체육쌤!
교복 치마는
안 접으면
멋이 없어요.
나처럼
미적 감각이 있는
사람들은
엉망진창의
치마를 참을
수 없어요.
사실 얼굴,
몸매, 모두
황금비율과
관련이 있단다.
사실 미적 감각도 은연중에
가지게 되는 것인데,
황금비율에 대해
들어본 사람?

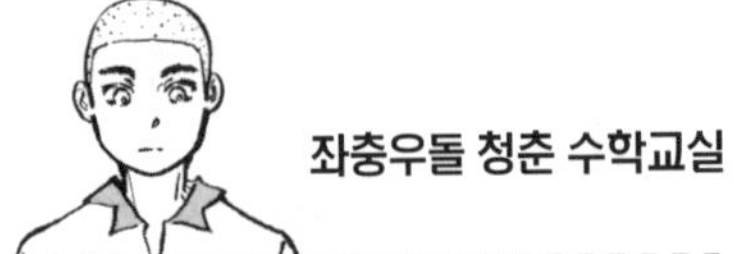

저녁 무렵, 오케스트라단의 연습 소리가 운동장을 가로질러 창문 틈으로 스며들었다. 만약 그 음표들이 눈을 지녔다면 교실에 다섯 명의 학생이 제각각 자신의 일에 몰두하고 있는 걸 볼 수 있었을 것이다.

어떤 학생은 고개를 숙이고 공부하고, 어떤 학생은 핸드폰을 가지고 놀고, 또 어떤 학생은 질문을 하고 있다. 질문하는 학생과 교사는 서로 열정적으로 대화를 나눈다.

성찬은 연준이 소문과 다르게 수업에 방해가 되지 않고 좋은 질문을 많이 하는 이상적인 학생이라는 생각이 들었다. 학습은 좋은 상호작용에서 비롯된다. 그는 어렵게 친구를 사귀게 된 전학생처럼 학생들과 기꺼이 함께 이야기를 나누어서 즐거울 따름이다.

은석은 연준과 성찬의 대화에 이따금씩 끼어들어 물었다.

“쌤은 어떻게 이렇게 많이 알아요?” 그러자 수안이 성찬 대신 수줍게 말했다.

“선한 사람과 함께 하는 것은 난초의 향기가 있는 방에 들어가는 것과 같고, 악한 사람과 함께 하는 것은 건어물 가게에 들어가는 것과 같다. 즉, 오래되면 그 향기 또는 냄새가 저절로 몸에 밴다. 쌤은 주변에 호기심이 많은 지적인 사람들 틈에서 자랐을 거야. 맞죠 쌤?”

“대단하다! 역시 어문계의 라파엘 나달Rafael Nadal이야.” 은석이 과장된 존경의 표정을 짓자 수안은 또 황급히 고개를 저었다. 두 사람 사이에는 이미 특유의 상호작용 패턴이 확립된 것 같다.

“그럼 수안이는 국어 쌤이고, 연준이는 수학 쌤?” 연준이 대꾸하지 않자 은석은 “난 체육 쌤이야.”라며 대화를 이어갔다. “이런 꼬마 쌤이 어디 있냐, 체육부장이지.” 유아가 말했다. “뭐 어쨌든 나는 개의치 않아. 체육을 좋아한다는 뜻이니까.”라며 은석은 여유 있게 받아 넘겼다. 성찬은 유아의 주의를 돌리기 위해 물었다.

“유아는 무슨 쌤일까?”

“저는 핸드폰 쌤이죠. 반 친구들이 핸드폰에 문제가 있으면 저를 찾아오니까요.”

“너는 치마 접는 꼬마 쌤이야, 매번 치마를 접으니.”

“학교 치마는 정말 안 예뻐요. 입으면 다리가 정말 짧아 보인다고요. 나처럼 미적 감각이 있는 사람들은 그런 엉망진창의 치마를 참을 수가 없어요.”라며 유아가 불만을 터트렸다.

“하지만 미적 감각은 천부적인 재능이라기보다는 자연스럽게 생기는 것 같은데? 얼마 전 백은 비율을 이야기할 때 황금비율을 언급한 적이 있는데 기억나지?” 성찬은 아이들을 자연스럽게 수학 개념으로 끌어들이기 위해 대화를 이끌었다.

“그건 저도 알아요!” 유아가 갑자기 볼륨을 높여 모두를 깜짝 놀라게 했다.

“인터넷에서 모델의 키와 다리 길이가 황금비율에 맞아서 가장 예뻐 보인다고 했어요."

'역시, 관심 주제를 끄집어내면 수학 공부도 할 수 있군.' 성찬은 쾌재를 부르며 칠판에 1.618을 썼다.

"유아 말이 맞아. 그게 바로 황금비율 1.618이야. 키와 하체의 완벽한 비율일 뿐만 아니라 완벽한 얼굴의 길이와 너비 비는 34:21, 계산하면 약 1.619로 황금비율에 가깝지." 성찬이 1.618 앞에 몇 개의 수와 부호를 보태자, 칠판에 한 줄의 식이 나타났다.

$$\phi = \frac{1+\sqrt{5}}{2} \approx 1.618033...$$

"실제로 황금비율은 무리수이기 때문에 유한소수로 표현할 방법이 없어. 그것의 '무리함'은 여기서 그치지 않고 또 다른 이상한 특성인 역수가 자신의 소수 부분이라는 것을 포함하고 있지."

$$0.618 \approx \phi - 1 = \frac{1}{\phi} \approx \frac{1}{1.618}$$

성찬은 칠판에 계산을 하기 시작했다. 방금 깨달은 '상대방의 흥미와 관련된 주제에 대해 이야기해야 한다'는 것을 벌써 잊은 듯하다.

"아름다움이 역수와 무슨 상관이 있는 거죠?" 유아가 한숨을 내쉬며 말했다.

성찬은 유아가 서서히 흥미를 잃어간다는 걸 알고 달래듯 말했다.

"그래, 그래, 알았어. 미적 감각은 역수와 상관은 없어. 하지만 황금비율과 관련이 있지. 혹자는 어떤 사람이 음식이 맛있는지 아닌지에 대한 판단은 열두 살 전에 먹은 음식에 달려 있다고 말하는데, 이는 모든 사람의 독특한 미식은 어린 시절이 시작점이 된다는 뜻이야. 어른이 되어 좋아하는 음식은 어린 시절 맛본 맛의 연장선상에 있을 뿐이라는 거지. 황금비율은 객관적인 기준이 있는 '미'를 주장하기는 어려워. 답은 어쩌면 음식과 같을지도 몰라. 우리는 어릴 때부터 무의식 중에 대자연에 의해 '아름다움과 추함'에 대한 품위를 결정했어."

"대자연?"

"대자연에는 많은 사물로 가득하지. 조개의 무늬, 꽃잎 분포, 식물 생장이 황금비율에 맞아."

"그럼 왜 자연에는 황금비율이 많아요?" 연준이 물었다.

"황금비율과 직결되는 피보나치 수열이 자연에 가득 차 있기 때문이지."

"피보나치 수열이요?" 연준은 마치 주문을 외우듯 단어를 반복했다.

성찬은 칠판에 수열을 하나 적었다.

$$1, 1, 2, 3, 5, 8, 13, 21, 34, \cdots$$

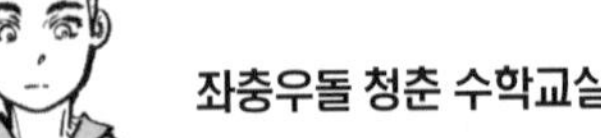

"이것이 바로 피보나치 수열이지. 피보나치 수열에서 n번째 항은 앞 두 항의 합이 돼."

성찬은 칠판에 '$S_n = S_{n-1} + S_{n-2}$'라고 쓰며 이야기를 이어갔다.

"수학자들은 흔히 토끼가 새끼를 낳는 예를 들어서 피보나치 수열을 설명해. 한 쌍의 새끼 토끼가 있는데, 두 번째 달에 자라서 세 번째 달에 다른 한 쌍의 새끼 토끼를 낳아. 피보나치 수열의 세 번째 항의 수는 2이고, 앞의 두 항은 모두 1이지. 넷째 달에는 원조 토끼가 새끼 토끼 한 쌍을 더 낳아 모두 세 쌍이 되겠지. 다섯째 달에는 셋째 달에 태어난 새끼 토끼도 한 쌍을 낳는데, 여기에 원조 토끼가 낳은 것까지 단숨에 다섯 쌍이 되는 거야. 이후로도 이런 식으로 추론할 수 있어."

"피보나치 수열에서 연속하는 두 항의 수를 서로 나누면…."

성찬은 서로 나눈 답을 써내려갔다.

$$\frac{1}{1}=1,\ \frac{2}{1}=2,\ \frac{3}{2}=1.5\ \cdots$$

연준은 손가락으로 책상을 두드리면서 여유 있게 말했다.

"제9항과 제8항에서 $\frac{34}{21}=1.61905$, 비율이 황금비율인 1.618에 가까워지네요."

성찬은 의기양양한 웃음을 짓는 연준을 향해 고개를 끄덕였다.

$$\frac{5}{3} \fallingdotseq 1.67,\ \frac{8}{5} = 1.6,\ \frac{13}{8} = 1.625,\ \frac{21}{13} \fallingdotseq 1.615$$

"연준이의 말이 맞아, 황금비율은 피보나치 수열 속에 숨어있어. 많은 동식물의 생장은 피보나치 수열, 예를 들면 꽃잎, 솔방울과 같은 피보나치 수열에 맞아떨어져. 마치 네잎 클로버가 행운을 가져다준다는 전설이 있듯이 사실 클로버뿐만 아니라 많은 나무, 풀, 꽃잎들이 4개의 잎을 찾아보기 힘든 이유는 피보나치 수열에는 4가 없고, 피보나치 수열에 맞는 식물에 4개의 잎은 성장의 법칙에 어긋나는 돌연변이이기 때문이야."

아! 은석은 손뼉을 치며 소리쳤다. "꽃잎을 떼서 나를 사랑하는지 실험할 때는 '나를 사랑해'부터 반드시 세어야겠네요?"

"왜?"

"많은 꽃잎이 피보나치 수열과 일치하니까요. 나를 사랑하는 것부터 시작해서 '나를 사랑한다', '나를 사랑하지 않는다', '나를 사랑한다', '나를 사랑하지 않는다' …에서 '사랑한다'를 홀수 번째에 놓으면 비교적 쉽게 원하는 걸 얻을 수 있을 거잖아요."

이렇게나 빨리 수학 지식을 이해하는 모습에 성찬은 무척이나 흡족했다.

"그래, 피보나치 수열 때문에 생활 주변에 숨겨진 무수한 '황금비율'을 찾을 수 있어. 19세기에 이르러서야 정식으로 명명된 이 고유

명사를 알기 전에, 대자연은 한발 먼저 우리의 의식을 최면에 걸리게 했지. 1.618의 비율이라면 무엇이든 아름답게 보이게 되는 주문이랄까.”

“일리가 있어요. 결국 인류도 대자연의 산물이고, 돌이켜 자신을 잉태하는 대자연의 법칙에 따라 창작하는 것이 당연한 이치인 것 같아요.”

연준이 동의을 표하자 성찬은 역사광인 수안을 지목했다.

“많은 역사 유적지에도 황금비율의 발자취가 있어. 수안아, 들어본 적 있니?”

“그리스의 파르테논 신전이요?”

“맞아, 그리고 오각별도 수많은 황금비율을 숨기고 있지.”

성찬은 분필로 오각별을 익숙하게 그렸다. 만약 지금 누군가가 복도를 지나갔다면 아마도 이 시간이 미술 수업이라고 생각했을 것이다.

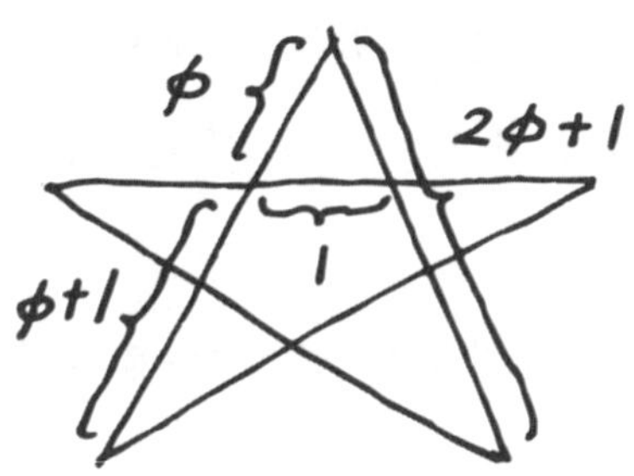

"오각별에서 이등변 삼각형의 밑변을 1, 빗변의 길이를 ϕ라고 가정하면 $\phi=1.618$이야. 빗변은 오각별의 꼭짓점까지 내려가서 그 길이는 $\phi+1$가 되고, 이것의 빗변 길이와의 비율은

$$\frac{\phi+1}{\phi}=1+\frac{1}{\phi}=\phi$$

으로 황금비율이지. 오각별의 한 변 길이와 이등변 삼각형의 한 빗변의 길이를 뺀 변 길이의 비도

$$\frac{2\phi+1}{\phi+1}=1+\frac{\phi}{\phi+1}=1+\frac{1}{\phi}=\phi$$

으로 여전히 황금비율이 돼."

성찬의 설명을 듣던 유아는 갑자기 생각났다는 듯 질문을 던졌다.

"쌤, 저는 키 160㎝에 다리 길이 95㎝인데요. 얼마나 높은 굽의 신발을 신어야 황금비율로 보일까요?"라고 물었다.

"키 $h$cm, 다리가 $l$cm인 경우 $x$cm 힐을 신었을 때의 새 비율을 $(h+x):(l+x)=1.618:1$로 계산하면 굽 높이는 $x=\frac{(h\text{-}1.618l)}{0.618}$가 되는 군." 성찬이 계산식을 설명하자마자, 연준이 책상을 한 번 두드린 뒤 답을 말했다.

"10.18cm."

연준이가 보충반에 들어온 이후로 마치 빠져 있던 조각 하나가 홀연히 나타나 완벽한 퍼즐이 완성된 듯했다. 다만 완벽한 퍼즐에서 리더 역할을 맡은 사람은 스승으로서의 성찬이 아니라 수학계의 메시, 연준이다.

수열

'수열'은 '일련의 수'를 나열한 것이다. 주위를 조금만 둘러봐도 여기저기 수열이 보이니 셀 수 없을 정도로 많다. 같은 수열에서의 수라도 다른 배열 순서를 가질 수 있다. 예를 들어, 로또 복권 추첨은 당첨 번호를 추첨한 순서대로 공고한다. 또한 크기에 따라 작은 것을 앞에, 큰 것을 뒤에 배열하는 수열을 '증가 수열'이라고 한다.

피보나치 수열은 표준의 증가 수열이다. 수열에서 특정 항을 계산으로 도출할 수 있는데 예를 들어, 첫째항이 a, 공차가 d인 등차수열의 일반항은 $a_n=a_1+(n-1)d$이다. 또는 어떤 앞의 몇 개항을 이용해서 표현할 수 있다. 예를 들면 등차수열은 $a_n=a_{n-1}+d$로 쓸 수 있다.

06

만 원 구매, 천 원 증정에 속지 말 것

천 원어치 사면 백 원을, 삼천 원어치 사면 삼백 원, 오천 원어치 사면 오백 원을 증정하는 행사에 속지 마라.

실제로 단지 8%, 5.7%, 3.7% 정도의 할인이 있을 뿐이다.

"성찬 쌤은 현명하세요!"

"하하, 아니야."

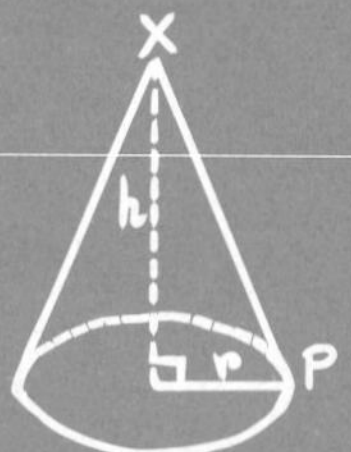

상하네.
분위기 왜 이러지?
뭔가 이상하다?
여느 때처럼. 좋은데, 왜?
유아가 왜 핸드폰을 안 하고 있지?
기분이 안 좋아서요.
여느 때와 같은 수업 분위기가 아냐.
완전 저기압이네. 일주일 가겠네.
어제,
아버지가 운영하시는 백화점 음식점에서 식사를 하면서 10% 할인 쿠폰을 사용했는데,
계산할 때 서비스 요금이 동일하게 10%라 거스름돈이 없다고 하자, 아버지가 매우 화가 나셨어.
와우! 아버지가 운영하는 백화점?
말의 포인트는 그게 아니죠!

교실에 들어서면서 성찬은 오늘 어딘가 분위기가 사뭇 다르다는 것을 알아차렸다. 은석은 연준과 잡담을 하고 있었고, 수안은 정수리만 보이며 국어 교과서에 열중하고 있다. 아무리 봐도 평소와 다를 바 없다. 아, 그런데 웬일로 유아의 손에 핸드폰이 들려 있지 않다. 성찬은 1초 동안 머뭇거리다가 유아에게 물어보았다. 유아는 심드렁하게 대답했다.

"기분이 안 좋아서요." 옆에 있던 은석은 유아의 기분도 아랑곳없이 놀리기 바쁘다.

"저기압이셔? 일주일 가겠네."

"너 일이나 신경 써." 유아는 은석에게 눈을 흘겼다.

"정한이도 기분이 좋지 않은 것 같은데, 기분이 전염됐나? 정한이는 왜 기분이 안 좋아?"

학생들의 다운된 기분을 끌어올리는 것은 쉽지 않은 일이다. 성찬은 대학 시절 쫓아다녔던 여학생이 떠올랐다. 성찬은 그녀가 건강하길 바라면서도, 한편으론 은근히 아프기를 바랐던 적이 있었다. 결국 그녀가 감기에 걸렸을 때 두 사람은 가까워졌다. 그녀와 처음 손을 잡았던 날, 마음속으로 감사했던 첫 번째 대상은 감기 바이러스였다.

정한이는 볼멘소리로 어제 있었던 일을 이야기했다.

"어제 아버지가 운영하시는 백화점 음식점에서 식사를 했는데 음식값이 오만 원이 나왔어요. 아버지가 저에게 오만 원과 10% 할인

쿠폰을 주셔서 계산대로 갔어요. 계산한 후 아버지가 저에게 거스름돈을 달라고 해서 서비스 요금 10%가 있었다고 말했죠. 마침 쿠폰과 서비스 요금이 딱 10%더라고요. 그래서 거스름돈은 없었다고 말씀드렸죠."

"틀렸어. 거스름돈 500원을 받았어야지." 연준이가 말했다. 정한은 짜증나는 듯 한동안 연준이를 노려보다가 고개를 끄덕였다.

"맞아, 아버지가 혼내셨어. 아버지는 10% 할인과 10% 추가 서비스 요금은 곱셈이라고 말했는데, 50000×0.9×1.1=49500이니 어떻게 해도 상쇄되지 않는다고 하셨어. 그러면서 이렇게 호통치셨어. '수학을 이렇게 못하는데 앞으로 회사를 어떻게 경영할 거냐! 500원 정도는 부족해도 차이가 없다고 생각하지 마라. 50,000원을 소비하면서 500원을 손해 봤으니 손실이 1%에 달하는 거야. 그룹의 매출액이 억대에 달하고 1% 적으면 몇백만 원을 손해 본다는 것을 잘 알아야 돼.'" 정한은 아버지의 음성을 그대로 따라 했다.

교실 안은 침묵으로 고요했다. 정한이가 아버지를 흉내 내는 목소리는 평온했지만, 당시 정한 아버지의 노여움은 고스란히 전해졌던 것이다.

"아버지는 다시 백화점의 10% 할인과 천 원어치를 구매하면 백 원을 주는 차이를 시험했는데, 내가 또 제대로 대답을 못 하니 엄청 화를 내셨어."

성찬은 정한이 매우 낙담하고 있다는 것이 느껴졌다. 그는 아버지의 기대를 저버리지 않으려고 열심히 공부하지만 수학 실력은 핸드폰만 가지고 노는 유아보다도 못했다.

"쌤이 설명해 주세요. 10% 할인과 '천 원어치를 사면 백 원을 돌려준다'의 차이가 도대체 뭐예요?"라며 유아가 물었다. 연준이 성찬 대신 조리 있게 설명했다.

"'천 원어치를 사면 백 원 돌려준다'는 $\frac{1,000}{1,100}$ 으로 대략 10% 정도인데 이 숫자가 10%와 비슷해 보이기 때문에 소비자를 현혹해 1%의 이윤을 더 챙기는 가게가 많아."

"그뿐만 아니라 천 원씩 사면 할인을 낮출 뿐 아니라 '할인 문턱' 때문에 소비자가 일정 금액을 넘어야 할인을 받을 수 있어 가게들이 더 많은 이윤을 얻을 수 있지. 예를 들면, 고객이 1,999원을 소비했다면 100원의 상품권만 쓸 수 있으니 할인은 5%만 되는 꼴이지." 성찬이 연준의 말에 부연 설명을 했다.

"물건을 조금 더 사서 2,000원이 넘으면 100원짜리 상품권을 더 받을 수 있어요."라고 은석이 말하자, 정한은 전문 경영자의 말투로 대답했다.

"아니, 일반 소비자들은 첫 번째 지출에 가장 많은 걱정을 해. 그리고 두 번째, 세 번째는 점점 무감각해지지. 상품권을 위해서 쇼핑을 많이 하기만 하면 계속 살 수 있기 때문에 가게의 이익은 안 봐도 뻔해."

그는 이어 혼잣말을 하기 시작했다.

"아, 그래서 삼천 원에 300원, 심지어 오천 원에 500원을 증정하는 행사를 한 거였구나. 보기에는 천 원에 100원을 주는 것과 같지만, 실은 할인 문턱은 더 높고 가게의 이윤은 더 커지는 거야. 맞죠?"

"맞아, 문턱이 높을수록 업주들은 더 많은 돈을 벌 수 있어. 우리는 할인과 할인 문턱의 연관성을 정량화할 수 있지. 고객이 정수를 채우지 않고 사고 싶은 상품만 산다고 가정하면 계량화하기 편해. 다시, 모든 고객의 소비금액이 '벤포드의 법칙Benford's law'에 부합한다고 가정하면, 소비금액은 1,000원에서 9,999원으로 떨어지지."

"벤포드의 법칙이요?" 연준이가 처음 들어본다는 듯한 표정으로 물었다. 그는 지금 이 순간 자신이 이 법칙과 매우 인연이 있을 것이라고는 생각하지 못했다. 심지어 그것으로 훗날 곤경에 빠질 성찬도 구할 수 있다는 것을.

"좀 복잡하긴 하지만 내가 직접 결과를 알려주지. 벤포드의 법칙을 이용해서 1,000원에서 1,999원까지의 고객이 전체 고객의 30.1%, 2,000원에서 2,999원까지 고객이 전체 고객의 …." 성찬은 설명을 멈추고 칠판에 식을 썼다.

$$\log_{10}\left(1+\frac{1}{x}\right)$$

"x=2를 대입하면…." 성찬이 고개를 돌려 연준을 보자 계산 결과를 자판기처럼 읊는다.

"17.6%, x=3일 때… x=9일 때, 9,000원에서 9,999원을 산 고객은 전체의 4.6%를 차지해요." 이 정도 계산은 그렇게 힘들지 않다는 듯한 표정까지 지어 보였다.

"좋아. 1,000원~1,999원어치를 산 사람은 100원짜리 상품권을 받을 수 있지만, 3,000원어치를 사면 300원, 5,000원어치를 사면 500원을 얻지는 못해. 3,000원을 초과하면 예를 들어, 3,000~3,999원의 12.5%의 고객만이 300원의 상품권을 받을 수 있어. 이렇게 되면 '천 원어치 사면 백 원 돌려준다', '삼천 원어치 사면 삼백 원 돌려준다', '오천 원어치 사면 오백 원 돌려준다'는 실제로 각각 8.0%, 5.7%, 3.7% 정도의 할인만 받는 꼴이지. '천 원어치 사면 백 원 돌려준다' 외에 다른 두 가지는 실제와 다르게 효과는 오히려 10% 할인에 달하지."

성찬은 득의양양한 표정을 지으며 연준을 바라보았다. 은석이 놀랍다는 듯이 "쌤은 어떻게 연준이 보다 빨리 계산할 수 있어요?"라며 의아해했다. 연준이 분개한 듯 강한 목소리로 말했다.

"방금 제가 좀 소홀했으니 쌤이 다시 문제를 내시면 절대 지지 않을 거예요."

성찬은 정한이 또 머리를 숙이고 맹렬히 필기 하는 것을 보고, 저지하듯 말했다.

"정한아, 필기보다 중요한 것은 먼저 어떤 것을 알고 모르는지 파악하는 거야. 이건 계산식보다 더 중요해. 계산식은 나중에 정리해서 줄 수도 있어."

유아는 "정한이 아버지가 '할인'과 '천 원어치 사면 백 원을 준다'를 어떻게 섞어 쓰면 효과가 더 좋을까요?"라고 물었다.

"더 좋은 방법은 할인도 받고, 상품권도 받는 거지." 성찬이 대답했다.

"그런데 이 두 가지의 전후 순서가 매우 중요해. 만약 먼저 20% 할인을 받고 '오천 원어치를 사면 오백 원을 돌려준다'를 쓴다고 할 때 두 가지 혜택을 모두 이용할 수 있는 소비자는 총 정가가 $\frac{5,000}{0.8}=6,250$원 이상인 상품을 소비해야 해. 그러나 만약 반대로 한다면, 먼저 '오천 원어치를 사면 오백 원을 돌려준다' 후에 다시 20%를 할인하면, 소비자는 단지 총 정가 오천 원의 상품을 사기만 하면 이중의 혜택을 누릴 수 있는 것이니 1,250원의 차이가 나게 되지."

"물건 사는 데에도 이렇게 많은 수학이 담겨 있다니. 외워뒀다가 나중에 쇼핑할 때 꺼내 써야겠어요." 무심코 한 은석의 말에 성찬은 마음 한켠이 한껏 가벼워졌다.

"정한이 아버지 말씀대로 백화점, 매장 매출의 1%만 더 벌어도 이익이 몇백만 원이 차이 난다면 숫자놀이는 매우 중요해. 운영자가 수익에도 도움이 되면서 한편으로는 소비자들에게 10% 할인된 가격으로 제공하는 행사도 해야 하니 말이지."

정한은 힘껏 고개를 끄덕이며 그제야 아버지 말의 의미를 조금은 알 것 같았다.

내 말 좀 들어줄래!

로그(log)

'로그 방정식'의 용도는 값을 바꾸는 것으로, 교실 좌석표처럼 좌석 하나가 학생 한 명에게 대응된다.

$$log_{10}x = y$$

x는 좌석, y는 이 좌석의 학생으로 x는 10의 y제곱으로 변환한다. 예를 들어, $log_{10}100 = 2$는 100이 10의 2제곱이라는 뜻이다. $log_{10}2 ≒ 0.3010$은 10의 0.3010제곱이 2와 같다는 의미로 해석할 수 있다.
로그의 이점은 매우 큰 수를 다른 매우 작은 수로 표시할 수 있음과 동시에 계산을 간소화할 수 있다는 데 있다.

07

가장 큰 '기쁨'을 내 가방에 담는 방법

배낭에 4㎏의 물건을 담을 수 있다고 가정하자. 보온병, 소설 책, 옷 등 모든 물건에는 상응하는 무게와 효용값이 있다. 어떻게 담아야 배낭의 무게를 초과하지 않는 전제하에서 배낭의 최대 효용을 발휘할 수 있을까?

"귀찮아. 모든 걸 담을 수 있는 가방 하나만 있으면 돼."

"도라에몽 주머니!"

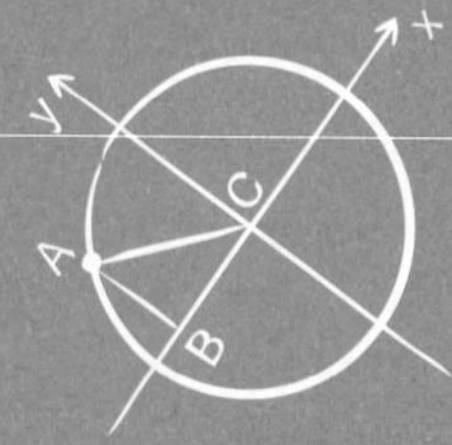

어제저녁
다음 주부터 학교 수업이 끝나면 곧장 집으로 와. 가정교사를 구했으니!
안 돼!
네 아버지는 어쩜 그렇게 마음대로 결정하셔?
아버지….
그럼 네가 가정교사를 해!
연준이 가정교사라면 난 학생을 할 거야.
…
수안이랑 같이 갈게.
이러면 수업 장소만 바뀔 뿐이야!
쌤도 바뀌는구나….

수학 보충반에서 '정한 구하기 대작전'을 주제로 첫 번째 회의가 열렸다. 지난주에 정한은 보충반에서 배운 할인 분석 얘기를 아버지와 나누며 이제는 어느 정도 수학에 대한 이해가 정립이 되었다고 말씀드렸지만, 아버지는 여전히 아들의 수학 능력에 불신이 크다.

"다음 주부터 학교 수업이 끝나면 곧장 집으로 와. 가정교사를 구했으니!" 정한 아버지는 뜻을 굽히지 않으셨다.

※

"네 아버지는 어쩌면 그렇게 마음대로셔?" 유아가 화가 난다는 듯이 책상을 두드렸다. 은석도 정한이를 위로하는 듯 동조했다.

"연준아, 네가 그 가정교사 자리를 빼앗아. 그리고 우리도 학생으로 받아줘. 수안아, 같이 가자." 수안은 고개를 끄덕이며 동의했다.

"그러면 뭐가 다르냐, 수업 장소만 바뀔 뿐이지."라며 정한이 비웃듯 농담을 던졌다.

"정한아, 어떻게 하면 네 아버지께서 네가 보충반에서 계속 공부하는 것을 허락하실까?" 성찬이 물었다.

"회사 실적 성장에 도움이 될 수 있는 방안을 제시해서 보충반에서 공부할 가치가 있다는 생각이 들게 한다면 어쩌면…"

"그건 간단해" 은석은 자신있게 말했다. "농구 경기를 하면 사람들은 늘 모이게 마련이야. 지금부터는 인파를 돈의 흐름이라고 생각해 봐." 교실은 한동안 침묵이 흘렀다. 이 제안을 하찮게 여기는 건지, 아니면 아예 이해를 못한 건지 분간할 수가 없었다.

"참 간단도 하다. 그게 무슨 방안이냐?" 수안이 어이없어하자 은석이 놀리듯 외쳤다.

"어문계의 나달, 수학계의 메르센! 어디 한번 방안을 내보시지."

"뭐? 자꾸 놀릴래?" 수안이 발끈하자 은석이와 연준이 깔깔거리며 웃어 댔다. 그러자 유아가 참지 못하고 일어나서 큰 소리로 말했다.

"그만해! 만약 정한이가 수업에 올 수 없다면, 우린 모두 보충반을 나가야 해!" 그때 성찬이 수학 뇌를 굴리기 시작했다.

"이런 방법은 어떨까? 10% 할인은 '각자 100% 확률로 10% 할인받을 수 있다'는 것인데, 우리는 두 개의 백분율을 뒤집어 '각자 10% 확률로 100% 할인받을 수 있다'는 식으로 바꿀 수 있어."

"차이가 있나요?"

"10% 할인보다 완전 무료가 고객에게 더 매력적이지. 반드시 할인을 해 준다는 보장은 없으니 쇼핑과 도박을 결합한 셈이야. 매일 영업이 끝난 뒤 0~9의 숫자 1개를 홈페이지에 게시한 후에 영수증의 끝자리가 이 숫자와 같은 고객은 다음 날 바로 영수증을 가지고 와서 상품 구매비용을 완전히 환불받는 거야." 정한은 손으로 턱을 괴고 잠시 생각에 잠긴 뒤 입을 열었다.

"쌤의 뜻은 이 방안은 10%도 유지하고 손님도 더 많이 끌어들인다

는 뜻인가요?"

"똑똑하네, 빨리 이걸 아버지께 말씀드려." 유아가 손뼉을 쳤다. 그러자 연준이 끼어들며 말했다.

"그뿐만이 아니야, 이 방법의 원가는 10% 할인보다 더 낮아. 영업 종료 후 번호별 매출 집계가 가능하고 매출이 가장 적은 번호만 지정하면 환불 비중은 당일 총 매출의 10%보다 줄어들지."

"그렇지! 역시 수학 천재야." 연준은 늘 기대를 저버리지 않는다는 것을 아는 성찬이 감탄하며 말했다.

"좋은 방법이긴 한데 아버지는 결정을 번복하시지 않아. 반드시 매우 혁신적인 방법이 있어야만 아버지의 생각을 바꿀 수 있어."

"현장에 가 보면 영감이 떠오르겠죠. 다 같이 정한이네 백화점으로 가 보는 건 어떨까요?"

유아가 이렇게 말했을 때, 성찬의 동의와 상관없이 그녀는 이미 결정을 내린 뒤였다.

※

평일임에도 불구하고 백화점 안은 손님들로 북적거렸다. 유아는 눈이 휘둥그레져서 말했다.

"사람이 이렇게 많은데 실적을 더 올려야 할 이유가 있나요?"

성찬은 오랜만의 백화점 방문이라 그런지 두 눈을 반짝거리며 이

곳이야말로 수학자의 생명력이 가장 왕성하게 발현되는 곳이라고 느꼈다. 현장구매 상품 증정, 할인, 신용카드 특혜, 매장마다 상품을 나열하고, 열정적으로 상품 광고를 하며 오직 예산에서만 혈투를 벌일 수 있도록 방법을 강구하는 것! 이것이 바로 '최적화' 문제이다. 이 문제에서 제한이 금액이라면 최대화는 무엇일까?

인파 한가운데에 선 정한은 "사실 쌤이 말한 할인 방식은 훌륭하지만, 저는 아무래도 이상하다는 생각이 들어요. 그러면 수학으로 소비자를 속이는 게 아닌가요? 사업을 이렇게 해도 되나요? 제가 생각하는 비즈니스는 진정성으로 고객의 요구를 만족시키고, 그들이 가장 많은 즐거움을 얻게 하고, 마음으로부터 우리를 신뢰하는 것인데…."

"그래! 바로 그거야! 쇼핑 최적화 문제는 상품이 주는 즐거움을 극대화하는 것이야!" 성찬은 갑자기 유레카를 외치듯 정신이 번쩍 들었다.

"네?" 학생들은 의아한 듯 물었다. 성찬은 조금 더 구체적으로 설명했다.

"우리는 정한이 아버지가 고민하고 있는 문제를 '배낭 문제knapsack problem'로 해결할 수 있어!"

"배낭 문제요?"

"만약 네 책가방이 Ckg을 싣고 있다고 가정하면, 매일 수업 시간에 사용하는 많은 물건을 책가방에 쑤셔 넣어야 해. 예를 들면, 보온병,

교과서, 필통 등 모든 물건은 자신의 무게 w, 효과 p가 있지. 어떤 물건을 넣어야 총효율을 극대화할 수 있을까? 이것이 바로 배낭 문제이고 고전적인 최적화 문제야."

아무래도 수학 개념을 설명하기에 백화점 한복판은 좋은 곳이 아니다. 성찬은 대화하기 좋은 조용한 곳으로 자리를 옮기는 게 낫겠다는 생각에 카페로 아이들을 데리고 갔다.

카페에 들어간 성찬 일행은 사람들이 몰리지 않은 구석자리를 잡았다. 성찬은 자리에 앉자마자 이야기를 시작했다.

"다시 얘기를 이어가 볼까? 우리는 배낭 문제를 쇼핑에 사용할 수 있어. 쇼핑 예산은 배낭에 짐을 싣는 것이고 가격은 물건의 무게가 되지. 상품을 사는 즐거움의 정도는 물건을 가방에 넣은 후의 효과가 되는 거야. 이러면 문제는 '어떻게 해야 가장 큰 즐거움을 얻을 수 있느냐'가 돼. 배낭 문제는 모든 쇼핑광들이 배워야 할 최적화 전략이야." 성찬은 마치 새로운 개념을 발견한 것처럼 신이 나서 결론을 내렸다.

"하지만 물건을 사는 것은 단지 겉모양만이 아닌 목적성도 고려해야 하잖아요. 저도 쇼핑을 할 때 단순히 좋아하는 것만 고르면 계속 치마를 사겠지만 가방도 필요하고 신발도 필요해서 다른 것도 같이 사거든요." 정한은 유아의 이야기에 수긍한다는 듯 고개를 끄덕이며 말했다.

"얘들아, 계속 그렇게 문제 제기를 해. 그래서 내가 보충반에 계속 다닐 수 있게 된다면 파티를 열자!"

"완전 좋지! 쌤 빨리 답을 생각해내세요!" 유아의 말투는 경쾌하게 성찬을 긴장시켰다.

"자, 어렵지 않아!"

"배낭 문제의 고급 버전인 '다중 선택 배낭 문제multiple-choice knapsack problem'로 해결할 수 있어. 다중 선택 배낭 문제는 '국어 강의에 교재 3권, 영어 강의에 교재 4권, 수학 강의에 교재 7권이 있을 때, 만약 각 강의마다 1권만 가지고 간다면, 어떻게 선택해야 책가방이 터지지 않을 뿐만 아니라 총효율을 극대화할 수 있을까?'를 해결하는 거야. 자, 이걸 유아의 상황으로 바꿔보자. 상의 4벌, 가방 3개, 목걸이 5개가 있는데, 각각 한 가지씩 고르려면 어떻게 선택해야 할까?"

"치마도 있어요."

"쌤, 배낭을 여러 번 선택하면 문제가 쉽게 풀리나요?"

"상당히 복잡해. 최적의 해법을 산출하려면 아마도 상담센터를 개설해야 할 거야. 하지만 최선의 해결책에 가까운 답을 얻을 수 있는 비교적 간단한 방법이 있어." 성찬은 테이블에 놓인 종이에 흐름도를 그렸다.

"먼저 고객들이 사려는 상품을 정리하고, 각 상품의 선호도를 분류 및 기록해. 다음으로 같은 종류의 상품을 낮은 가격부터 높은 가격까지 순위를 매겨 A, B, C라고 가정하면, 그중 B가 A보다 1,000원 비싸지만, 선호도는 50점, C가 A보다 2,000원 비싸고 선호도는 1,000점이라면 B는 고려하지 않아도 돼. A를 사는 것에서 B를 사는 것으로 바뀌면 단위 금액이 주는 기쁨은 $\frac{50}{1000}$=0.05에 불과하지만, A를 사는 것에서 C를 사는 것으로 바뀌면 단위 금액이 주는 기쁨은 10배인 0.5이기 때문이야. 이 수치를 단위 금액 만족도라고 하지. 단위 금액당 만족도가 낮은 상품은 제외하고, 아껴둔 돈을 다른 상품에 투자하는 것으로 정리한 후에 쇼핑을 시작할 수 있어." 성찬은 다음의 식을 썼다.

$$\text{단위 금액 만족도} = \frac{\Delta\ \text{만족도}}{\Delta\ \text{금액}}$$

"△은 뭐예요?"

"앞뒤 두 항을 뺀다는 뜻이야."

"물리와 화학 수업에서 본 것 같아요. 좋아요, 그다음에는요?"

"쇼핑할 때는 카테고리별로 가장 싸고 선호도가 낮은 상품을 먼저 골라. 이후 상품별 카테고리를 비교해 차상위 상품으로 바꾸고, 단위 금액 만족도를 계산한 다음, 단위 금액 만족도가 가장 높은 상품을 선택하는 거지. 예를 들어, 치마 카테고리에서 하위 상품의 단위 금액 만족도가 상의, 가방보다 높다고 치마를 업그레이드 할 수 있을까? 업그레이드 후 기존 상품별, 업그레이드로 인한 단위 금액 만족도를 다시 비교해야 해. 업그레이드된 상품의 가격이 예산을 초과할 때까지 구매를 중단하는 거지."

"이렇게 하면 고객들의 만족도를 극대화할 수 있을까요? 크게 번거롭게 들리지도 않고 기존 고객 서비스 인원으로 충분할 것 같아요. 다만, 왜 반품하고 사야 하는지 쌤이 다시 한번 설명해 주실 수 있나요?"

"왜냐하면 한 종류 상품은 한 개밖에 살 수 없다고 가정했기 때문이지."

유아는 성찬과 정한의 이야기를 들으며, 정한의 배려심 많은 성격에도 적합하고, 이윤을 중요하게 생각하는 그의 아버지도 만족시킬 수 있을 것 같아 이 제안이 문제가 없을 것 같다는 생각이 들었다.

내 말 좀 들어줄래!

서로 다른 최적화 기준

현실에서 부딪히는 문제에는 보통 답이 하나가 아니다. 마치 서울에서 부산까지 기차, 고속철도, 비행기, 심지어 걸어갈 수 있다고 말하는 것과 같다. 최적화 문제는 단순히 해답뿐 아니라 '최고'의 해답을 원하는 것이다.

앞에서 우리는 이미 미적분 개념을 사용해 최적화 문제를 소개했다. 하지만 미적분을 사용할 수 없을 때가 많다. 최적화 문제는 공학 분야에서 중요한 역할을 한다. 다양한 문제들이 이미 광범위하게 연구된 적이 있다. 많은 고전적인 모델들을 세워 놓고, 어떤 문제를 어떤 모델에 끼워 넣기만 하면 해답을 얻을 수 있다. 본문에서 언급한 배낭 문제는 고전적인 최적화 모델이다.

한편 '최고'도 서로 다른 정의를 가지고 있다. 예를 들면, 서울에서 부산까지 가는 상황을 살펴보면, 가장 싼 것을 원한다면 가장 좋은 선택은 '걷기'이고, 시간을 절약하고 싶다면 가장 좋은 선택은 비행기다. 만약 편안함을 최우선으로 생각한다면 고속철도일 것이다.

먼저 자신이 '최적화'하고 싶은 기준을 찾아야 한다. 그래서 최적화 문제를 해결하기 전에 '우리가 최적화하고 싶은 게 무엇인지' 먼저 확인해야 한다. 자신이 원하는 최적화 목표를 찾는 것은 철학적인 문제이며, 이는 종종 수학 문제보다 훨씬 더 어렵다.

08

너와 내가 눈을 맞추기 위한 로맨틱한 거리

내 키는 1.7m, 눈은 1.6m 정도의 높이에 있고, 너의 눈은 지표면에서 1.5m 높이에 있기 때문에 우리가 각각 볼 수 있는 범위는 4.53km와 4.38km이다. 장애물만 없다면 나는 너보다 150m 더 멀리 볼 수 있다.

서로 멀리 떨어져 있다면, 너보다 한발 앞서 상대방을 발견할 수 있을 것이다.

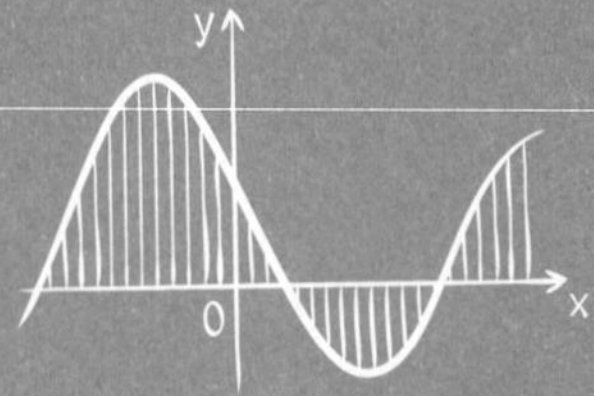

저녁 무렵
학교 옥상
은석! 괜찮아?
쌤, 여긴 어떻게 오셨어요?
하하하!
선배들은? 유아 말이 네가 꼭대기 층으로 불려갔다던데?
아니에요. 바람 좀 쐬러 왔어요.
쌤도 바람 좀 쐬고 싶으시죠?
그런데 쌤, 여자친구 없죠?
분명히 없을 거 같아.
쌤은 수학만 보고 달려왔을 거 같아요.
네가 어떻게 알아?
그냥, 느낌이 그래요.
11

교실 안은 예전보다 많이 차분해진 분위기였다. 성찬은 수업을 준비하고 있었고, 연준은 정한과 지난주 '배낭 문제'에 대한 이야기를 나누고 있었다. 정한의 아버지는 이 문제를 직원들에게 맡겼고 정한에게는 더 이상 가정교사에 대한 이야기를 거론하지 않았다. 물론 유아는 오늘도 가볍게 콧노래를 부르며 핸드폰에 열중이다.

수업 종이 울리자 성찬은 교실을 둘러보았다. "은석이는 어디 있니?" 유아가 핸드폰에 집중한 채 대답했다. "방금 어떤 선배한테 불려서 옥상으로 갔어요."

학교 폭력? 성찬은 놀란 고양이처럼 등이 오싹해졌다.

"너희들 우선 자습하고 있어. 내가 가서 은석이를 구해야지!"

"아유, 잠깐만요! 가지 마세요!" 성찬이 바람같이 달려나가는 통에 유아가 제지하는 소리를 듣지 못했다.

※

옥상으로 통하는 계단에서 성찬은 몇 사람이 빠른 걸음으로 계단을 내려가는 것을 보았다. 그들은 한껏 흥분돼 웃고 있었다. 방금 옥상에서 무슨 재미있는 것이라도 본 것 같은 웃음이었다. 옥상의 안전문을 밀치니 붉게 물든 석양이 눈에 들어왔다. 벽에 기대어 있던 은석은 석양 탓에 검은 그림자로 보였다.

"쌤이 왜 여기 계세요?"

"선배들은?"

"선배라뇨?"

"네가 선배들한테 옥상으로 불려갔다던데?" 은석은 잠시 멍한 채로 있다가 웃음을 터뜨렸다. "아니에요. 그냥 바람 좀 쐬려고 나왔어요." 성찬은 그제서야 자신의 뒤통수를 향해 소리를 질렀던 유아의 외침이 생각났다. 유아가 장난으로 한 말을 곧이곧대로 믿고 행동으로 돌입한 자신이 좀 부끄러웠다.

"쌤도 바람 좀 쐬고 싶으시죠?" 성찬이 대답 없이 생각에 잠겨 있는 모습을 보이자 은석은 그를 방해하고 싶지 않았다. 시멘트의 벽면에 기대자 찬 기운이 순식간에 달라붙었다. 오랜만에 이렇게 시야가 탁 트인 넓은 곳으로 오니 몸과 마음이 상쾌해졌다. 나란히 교정을 내려다보고 있는데, 은석의 목소리가 들려왔다.

"쌤 여친 있어요?"

"어?"

"분명히 없을 거예요."

"네가 어떻게 알아?" 성찬이 고개를 돌려 은석을 봤다.

"그냥, 느낌이 그래요. 쌤은… 수학만 보고 달려왔을 거 같아요."

은석은 갑자기 명랑하게 웃었다. 하지만 이내 웃음기가 사라진 얼굴로 진지하게 이야기했다.

"친구를 사귀는 것과 남들이 말하는 뼈아픈 연애는 또 다른 것 같

아요. 제 친구는 좋아하는 사람을 만나면 긴장하고 얼굴이 빨개지고 심장이 뛴다는데 전 그런 경험을 해 본 적이 없거든요. 쌤은 있어요?"

"뭐가?"

"좋아하는 여자와 데이트할 때 긴장도 되고 기대되는 그런 경험요."

"물론 있지."

"올~ 없을 것 같았는데, 나름 로맨티스트네요." 성찬은 그 말을 듣고 기뻐해야 할지 화를 내야 할지 몰랐다.

"들려주실 수 있나요?" 성찬은 천천히 숨을 쉬었다. 교실에서 여전히 그를 기다리고 있는 학생들을 잊은 채 옛 추억을 흥미진진하게 말하기 시작했다.

"내가 대학생일 때, 타이베이시의 랜드마크는 기차역 앞의 신광삼월백화점이었어. 어느 날 나는 두 달 치 밥값을 모아서 여자친구에게 백화점 꼭대기 전망대에서 만나자고 약속했어. 전망대 창가에 서면 타이베이시가 한눈에 들어오거든. 비가 오면 하늘을 올려다보며 빗방울을 감상하지만, 전망대에선 고개를 숙여 빗방울이 떨어지는 모습을 감상하지.

그날은 비가 왔고 여자친구는 비 오는 풍경이 너무 아름답다고 했어. 그때 나는 '아무리 아름답더라도 너만큼 아름답진 않아'라고 말하고 싶었지만, 말할 타이밍을 놓쳐버렸지."

“맞아요, 저도 내면의 독백이 많아서 마지막에 말할 타이밍을 놓치곤 해요.” 은석의 목소리가 성찬의 추억 속으로 들어왔다.

“그녀는 창가에 기대어 ‘이렇게 높은 곳에서는 얼마나 멀리 볼 수 있을까?’라고 말했어. 나는 또 한 번 좋아하는 사람 앞에서 표현할 기회를 쉽게 놓쳤어.”

“만약 지금이 그때라면 뭐라고 말하면 좋을까요?”

“나는 그녀가 내뿜는 안개 위에 커다란 원을 그리고 그 위에 두 사람이 함께 기대어 있는 것을 그렸어야 했다고 생각했어. 사람을 시점으로 큰 원과 접하는 접선을 그리는 거야.”

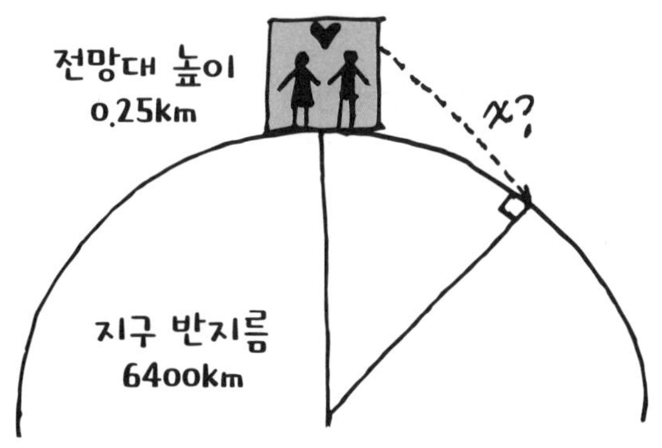

“그녀는 어리둥절한 표정으로 나를 쳐다보겠지. 나는 자신만만한 미소를 지으며 그녀에게 ‘이것은 지구, 위의 두 사람은 신광삼월백화

점 꼭대기 전망대에 서 있는 우리야. 지구의 반지름이 약 6400㎞, 신광삼월전망대 높이는 250m이니까 피타고라스 정리를 이용하면 우리가 있는 위치에서 그려지는 접선 길이 x는 $(0.25+6400)^2=6400^2+x^2$이야.'라고 말하겠지.

나는 이차방정식을 깔끔하게 만들었지만, 계산과정이 좀 복잡해서 큰 안개를 만들어내 계산을 계속했겠지. 나는 서둘러 $(0.25+6400)^2=6400^2+x^2$식을 전개하지. 좌변은,

$$0.25^2+2\times0.25\times6400+6400^2$$

첫 번째 항은 너무 작아서 무시할 수 있어. 세 번째 항인 지구의 반지름 제곱은 우변의 첫 번째 항과 함께 소거될 수 있으니 정리하면,

$$x^2=2\times0.25\times6400$$

$$x=\sqrt{2\times0.25\times6400}\fallingdotseq56.6\text{km}$$

즉, 전망대에 서 있는 우리는 56.6km 떨어진 곳의 경치를 볼 수 있는 거야. 중동 이란의 멋진 테헤란이 보이겠지. 그녀는 경이로운 눈빛으로 나를 쳐다보며 어쩌면 수학을 가르쳐 달라고 할 수도 있겠군. 나는 또 이런 상상도 해 보았지. 방금의 식은 간결하게 만들 수 있어.

보이는 거리=$\sqrt{2H} \times 80$km, H는 눈의 높이로 km를 단위로 해. H가 m를 단위로 하면 이 거리를 1000으로 나누어서 '보이는 거리 = $\sqrt{20h} \times 0.8$km'로 하는데 이때 h의 단위는 m야. 예를 들어서 우리가 탄 비행기가 불시착해서 끝없이 펼쳐진 초원에 착륙해. 우리는 뿔뿔이 흩어진 초원에서 서로를 찾아야 하는데 그럴 땐 내가 먼저 그녀를 찾을 수 있을 거야. 그러면 그녀는 이렇게 말하지. '왜? 내가 먼저 널 찾을지도 모르는데.' 그땐 난 이런 수학 공식을 말해줄 수 있겠지.

내 키는 1.7m, 눈은 1.6m 정도 위치에 있는데, 너의 눈은 대략 지표면에서 1.5m 정도 떨어져 있기 때문이야. 그래서 우리가 각자 볼 수 있는 범위는 약 4.53km에서 4.38km로 장애물만 없다면 나는 너보다 150m 더 멀리 볼 수 있어. 내 키가 만약 더 커서 1.8m까지 더 자란다면 140m 정도 더 볼 수 있을 거야. 너를 위해서, 나는 키를 키울 예정이야.

그녀는 내게 '그럼 키만 크면 안 되고 달리기 연습도 해야 한다고 약속해줘.'라고 말해. 날 봤다고 해도 우리 사이 거리가 4.53km나 떨어져 있으면 빨리 달려서 나를 데리러 와야 하니까'라고 말하지."

"우와! 쌤의 상상력은 정말 대단해요! 그저 지어낸 이야기 속에 이렇게 많은 수학이 들어 있다니!" 은석의 말에 성찬은 몽상에서 깨어났다.

"쌤의 상상을 깨뜨린 건 죄송하지만, 쌤이 이 상상을 실제로 그녀에게 말하지 않아서 정말 다행이에요. 그렇지 않았으면 정말 너무 지루하고 재미없는 시간이었을 거예요."

"왜? 로맨틱하지 않아?"

"상대방이 여자 연준이라면 그렇죠."

"정말 그런 거야?"

"그럼요. 쌤이 수학계의 마이클 조던이라면 연애계에선 은석일 거예요, 하하!"

"잠깐, 그런데 연애계의 은석도 듣기 좋군. 하하!"

석양이 성찬과 은석의 등에 살며시 떨어지고, 두 사람은 기분 좋게 웃으며 아래층으로 내려가는 철문을 힘차게 밀었다.

내 말 좀 들어줄래!

원과 직선

한 원과 한 직선 사이에는 세 가지 위치 관계가 있다.
만나지 않는 경우, 한 점(접점)에서 만나는 경우, 두 점에서 만나는 경우는 교차(직선이 원을 통과)라고 한다.
접선에서 원의 중심과 접점을 연결한 선과 접선 사이의 각도는 90° 이다. 또한 이 직각 때문에 피타고라스 정리를 사용할 수 있다. 직각 삼각형의 직각을 낀 두 변의 길이 제곱의 합은 빗변의 제곱과 같다.
얼마나 멀리 볼 수 있는지 계산해 보자.

09

새치기보다 빠른 줄서기

"여러 줄을 하나로 묶거나, 현재 많은 기관에서 채택하고 있는 번호표 뽑기 방식처럼 시간이 오래 걸리는 어떤 손님으로 인해 그 줄의 다른 사람들의 대기시간이 길어지는 것을 피할 수 있어."

"고객을 배려하는 마음으로 소파에 앉아 기다리라고 하는 줄 알았어요."

"많은 일의 진짜 원인은 직감적이지 않은 경우가 많지."

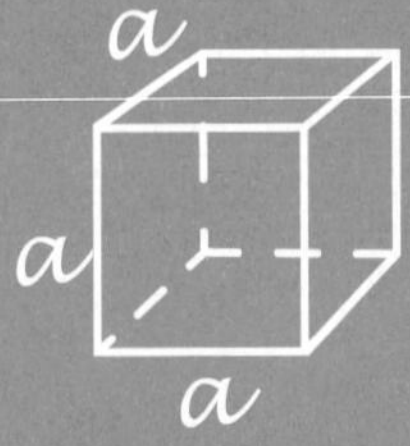

현재 인원
0825명
제한 인원
1,000명
아, 신선한 공기가 필요해!
너무 붐비지는 않을 것 같군.
여기로 가보자.
여기는 정한이네 백화점.
쌤!
너 정한 맞지?
안색이 안 좋으시군요, 무슨 일이죠?
정한?
여기는 주말과 휴일만 이래요.
엄마 심부름으로
잠깐 마트에 들렀어요.
저도 좀 도와주시겠어요?
외계인들은 아마 이 장면을 보고 지구인의 흥미가 줄서기라고 생각할 듯요.
쌤은 문학적 소양도 참 좋으시군요.
조지 미케쉬는 "영국인들은 줄을 서서 버스를 기다리고, 유람선을 기다리고… 순전히 취미로 더 이상한 줄을 선다.
마지막으로 버스정류장 앞으로 돌아와 줄을 서는 데 평생의 시간이 걸린다."라고 말했지.
아니야, 줄서기 이론 교과서의 서론이야.

주말에 성찬은 정한이네 백화점을 찾았다. 입구의 전자 광고판은 현재 입장하는 인원수가 최대 허용 인원에 가깝다는 것을 나타낸다. 최대 허용 인원은 '층 면적에 단위면적(㎡)당 허용 인원수를 곱한 값'으로 규정상 백화점의 단위면적당 허용 인원은 1.5명이며 정사각형 구역의 경우 주변 약 1.2m 이내에 사람이 없어야 한다.

'붐비진 않겠지.' 성찬은 암산을 한 후, 보폭을 넓혔다.

30분이 지났다. 그는 백화점의 수많은 인파 속으로 빠져들면서 마치 자신이 반자동 컨베이어 벨트를 잘못 침범한 것처럼 느껴졌다. 한 시간 정도 되었을 때 가까스로 지하 마트에 도착했다. 이산화탄소 농도가 높아 인상이 찌푸려지고 있을 때 옆에서 정한의 목소리가 들렸다.

"쌤, 안녕하세요. 안색이 안 좋아 보이시는데, 무슨 일 있으세요? 저는 엄마 심부름으로 잠깐 마트에 들렀어요."

※

성찬과 정한은 함께 물품을 고른 후 계산대 앞에 섰다. 계산대마다 사람들로 줄이 길게 늘어서 있었다.

"여기는 주말과 휴일만 이래요. 외계인이 이 장면을 보면 지구인의 취미가 일렬로 줄서기라고 생각하지 않을까요. 후훗!" 정한의 말에 성찬은 이 아이도 유머러스할 때가 있구나 싶어 마음이 가벼워졌다.

"헝가리계 작가인 조지 미케쉬George Mikes는 '영국인들은 버스를 기다리느라 줄을 서고, 유람선을 타기 위해 줄을 서고, 차를 마시기 위해 줄을 서고, 아이스크림을 먹고 나서 순전히 취미로 더 이상한 줄을 선다. 마지막으로 버스정류장 앞에서 줄을 서는 데 평생의 시간이 걸린다.'라고 말했지."

"쌤은 문학적 소양도 있으시네요."

"아니야, 줄서기 이론queueing theory 교과서의 서론이야."

"줄서기 이론?"

"어떻게 하면 효율적으로 줄을 서고 스케줄을 짤 수 있는지 연구하는 수학."

"그런 수학도 있군요."

"그럼, 줄 서는 게 쉬워 보이지만 거기에도 수학적인 원리가 들어 있지. 예를 들어, 오늘 나, 너, 유아가 계산대 앞에 줄을 선다고 가정하면, 나는 계산하는 데 100초가 걸리고 너는 50초가 걸려. 유아는 대부분의 물건을 너에게 맡겼기 때문에 10초만 있으면 계산을 끝낼 수 있어. 만약 나, 너, 유아 순서로 계산하면 세 사람이 각각 100초, 150초, 160초가 걸려야 계산이 끝나는데 평균을 계산하면 136.7초이지. 그런데 거꾸로 빨리 계산하는 사람이 먼저 계산하라고 하면 유아, 너, 내가 각각 10초, 60초, 160초, 평균 76.7초로 60초가 단축되는 거야."

그때였다. 성찬의 사례 속 주인공이 마치 예지했다는 듯이 나타났

다. 갑자기 등장한 유아는 간식과 음료 한 무더기를 정한의 바구니에 넣었다. 평소 그녀가 정성스럽게 치장하는 것과는 달리, 유아의 앞머리가 살짝 헝클어져 있고, 가벼운 트레이닝복과 운동화를 착용한 걸 보니 방금 운동을 마치고 온 것 같았다.

"쌤, 안녕하세요."

"응, 유아도 왔구나. 마침 줄서기에 대한 수학 개념을 설명하고 있었어. 너도 좀 들어볼래?"

"네? 아, 여기까지 와서도 역시 수학이라니…."

"줄서기에 관한 거니까 재미있을 거야. 자, 하던 이야기를 계속해보면, 기호를 이용하면 더 분명해지지. 세 사람이 계산하는데 걸리는 시간을 t_1, t_2, t_3, 이런 순서로 계산할 때 각자가 계산을 완료하는 시간은 t_1, t_1+t_2, $t_1+t_2+t_3$, 평균은 $t_1+\frac{2t_2}{3}+\frac{t_3}{3}$가 되겠지. 순서대로 뒤에 오는 사람일수록 계산 시간에 미치는 영향이 적으며, N명의 경우 n번째 손님들의 줄서기 시간은 t_n, 평균 시간은 아래와 같아."

$$\bar{t} = \sum_{n=1}^{N} \frac{(N-n+1)t_n}{N}$$

"따라서 비교적 빠른 손님을 먼저 처리하면 1인당 평균 대기시간을 낮출 수 있어."

심드렁했던 유아는 어느새 호기심이 발동해 성찬에게 물었다.

"그럼 쌤이 얼른 정한이네 마트에 줄서기 이론을 좀 활용할 수 있게 해주면 안 될까요? 그러면 정한이 아버지가 더 기뻐하실 거 같은데." 하지만 정한은 유아의 의견에 바로 동의하지 않았다.

"쌤이 방금 한 가지 요점을 말씀해주셨는데, 결제 속도가 빠른 손님을 먼저 처리한다고 하셨잖아요. 그러면 먼저 오신 손님이 기분이 나쁠 것 같아요. 그리고 빨리 결제할 수 있도록 적게 사야 한다고 독려하는 셈인데, 이는 가게의 본래 취지와는 상반되는 걸요."

"네 말이 맞아. 계산대 결제 속도를 높이는 것은 이미 오래전부터 논의가 되어 온 문제인데, 일찍이 누군가가 방금 언급한 '결제 속도가 빠른 손님을 먼저 처리하라'는 이 전략은 이미 일상생활에서 상용화되고 있어."

"그게 뭐예요?"

"바로 빠른 계산대지!" 정한과 유아는 좀 의외라는 듯 '빠른 계산대'가 방금 토론한 것과 어떤 연관이 있는지 이해하지 못했다. 성찬은 한 발 더 나아가 "빠른 계산대는 결제 물건을 몇 건 이하로 설정한 계산대야. 이 계산대에서는 짧은 시간부터 긴 시간까지 순위를 매겨서 조건보다 낮은 사람이 먼저 결제하지. 이렇게 하면 전체적으로 줄서기 시간을 줄일 수 있어."라고 설명했다.

"원래 빠른 계산대에 이런 원리가 있었구나. 정한아, 빨리 네 아

버지께 건의해." 유아가 흥분하며 말하자 성찬이 즉시 찬물을 끼얹었다.

"그렇다고 꼭 시간을 절약할 수 있는 것은 아니야. 빠른 계산대에도 단점이 있어. 예를 들어, 모두가 너무 많이 사면 아무도 패스트 코너에 갈 수 없고, 반대로 모두가 적게 산다면 패스트 코너는 의미가 없게 되지."

유아는 생각에 잠기더니 벽모퉁이에 있는 모니터를 가리키며 말했다.

"그러면 빠른 계산대 건수 제한을 LED로 바꿔서 모니터가 현재 고객 수, 고객의 바구니에 있는 물품 수를 판독해서 실시간으로 최적의 빠른 계산대 건수를 계산해 주면 어때요? 아니면 빠른 결제 계산대를 여러 개 설정해서 각자 결제 문턱을 달리 한 다음…. 왜, 내 얼굴에 뭐가 묻었어?"

성찬과 정한은 바닥에 내동댕이쳐진 금붕어처럼 입을 크게 벌리고 유아를 바라봤다. 유아가 이렇게 기가 막힌 방안을 바로 생각해낼 줄은 생각지도 못했던 것이다.

정한은 유아의 의견을 찬찬히 곱씹어 생각했다. '이론적으로는 좋은 방법이지만 실제로 실행하기에는 좀 복잡해. 막상 실행하면 상황을 잘 모르는 손님을 상대하는 데만 시간이 더 걸릴 것 같아' 당연히

기업가의 아들은 아무리 멋진 이론이라 할지라도 실행 가능성을 먼저 점쳐봐야 한다.

성찬은 효율을 높일 수 있는 더 간단한 전략으로 각 계산대 앞에 늘어선 여러 팀을 한 줄로 묶는 것을 설명했다.

"한 줄로 세우면 되나요?" 성찬은 고개를 끄덕였다.

"좀 전에 나(100초), 정한(50초), 유아(10초)의 예에서 수안이를 더 추가해서 필요한 계산 시간은 20초라고 해 보자. 가령 (나, 유아)와 (정한, 수안)처럼 2팀으로 나누어 두 줄로 서면, 네 사람이 계산하는 데 걸리는 시간은 각각 내가 100초, 유아 110초, 정한 50초, 수안 70초로 평균 82.5초가 걸려."

"아니에요."

"잘못 계산했나? 아니, 맞아." 성찬이 손가락을 꼽으며 검산을 하자, 유아가 거들었다.

"아마 제가 정한과 한 팀, 쌤과 수안이 한 팀이 되어야 옳을 거예요." 성찬은 이 말에 어떻게 대꾸해야 할지 몰라 못 들은 척 말을 이어갔다.

"하지만 네 사람이 나, 정한, 유아, 수안 순으로 줄을 서면, 나, 정한, 유아에게 걸리는 총 시간은 변하지 않지만 수안은 다른 사람의 계산이 다 끝날 때까지 기다려야 해. 마지막으로 (나), (정한, 수안, 유아)의 2팀이 두 계산대에서 계산하면 유아는 80초밖에 안 걸리니

나와 한 팀일 때보다 30초를 아낄 수 있어. 평균도 75초로 떨어졌네."

그러자 정한이 말했다.

"그런데 쌤, 원래 두 줄로 되어 있던 상황인데 유아도 자리를 옮길 수 있잖아요?"

"꼭 그렇지는 않아, 아마 유아가 기꺼이 나를 기다리고 있을 때, 너희가 또 새로운 사람과 줄을 서게 되면, 유아는 계산대를 바꿀 수 없게 되지. 다시 말해, 여러 줄에 줄을 선 사람을 한 줄로 묶는 것은 시간 소모가 많은 한 명의 손님으로 인해 특정 열의 전체 계산 시간이 길어지는 것을 피할 수 있어. 현재 은행, 우체국, 관공서에서 번호표를 뽑는 단일 줄서기 제도를 채택하고 있는 것처럼."

"그렇구나, 그냥 손님을 배려해서 앉아서 기다리라는 줄 알았는데 이 방식이 평균 줄서기 시간까지 줄이는 거였구나."

"많은 일의 진짜 원인은 우리가 직감적으로 생각하는 그런 것이 아니야. 그러나 실제로 어떤 고객은 여러 줄의 줄서기 길이를 관찰하고, 비교적 영리하게 각 바구니에 담긴 물품 항목에 따라 줄서기 시간을 계산해 자신이 가장 빠르다고 생각하는 줄을 선택하기도 해. 이렇게 스마트한 동적 선택을 통해 여러 줄서기의 효율성도 자동으로 향상되는 거지."

"저처럼 똑똑한 손님이요?" 유아가 의기양양하게 말했다.

"죄송합니다만, 손님은 앞으로 가세요." 성찬은 그의 바구니를 계산대에 놓았다. 정한도 뒤쪽에서 바구니를 계산대에 올려놓았다.

"쌤의 도움을 계속 받고 있으니 이번 계산은 제가 하도록 하겠습니다." 정한의 센스있는 한마디에 성찬은 사양했지만 결국 호의를 받아들였다.

줄서기 이론

줄서기 이론은 매우 실용적인 수학 도구이다. 전화가 처음 발명되었을 때는 통화 회선이 한정되어 있어서 먼저 한 센터에 연결되면 센터의 교환원이 전화를 돌려주었다. 그러다 회선이 가득 차면 전화는 줄을 서서 기다릴 수밖에 없었다. 빈 회선이 있어야만 사용할 수 있었기 때문이다.

줄서기 이론은 이처럼 전화를 걸기 전의 평균 대기 시간을 분석하기 위한 것으로 만약 회선을 몇 개 더 늘리면 대기 시간을 얼마나 낮출 수 있는지 계산하는 개념이다. 이러한 분석을 통해 더 많은 회선 비용을 투자할지 여부를 결정할 수 있다. 이후 통신 기술이 발전해 전화를 많이 걸어도 더 이상 줄을 설 필요가 없게 되었다. 이제 줄서기 이론도 그 중심부를 빠져나와 각 매장, 공항, 관공서에 퍼져 있다.

Part 2

수학에게 하고 싶은 말

다들 수업 준비하자!
역시 아무도 듣고 있지 않아.
이렇게
아, 어쩔 수 없어.
난 너희들을 수학의 길로 몰아넣는 사람이 아니야.
학의 중요성을 해하기도 전에 를 강요받게 되니 들이 싫어하는 게 당연해.
너희들을 도와주는 길잡이일 뿐이지.
수학에게 한마디 할 수 있다면 가장 하고 싶은 말이 뭘까?
쌤은 <캡틴 츠바사>를 다 보셨나요? 선생님께 수학은 친구죠. 정말 열정적인!
맞혔다! 하하하!
빨리 써!
그것 때문에 부끄럽게 화를 내다니!

수학에게 하고 싶은 말

환절기다. 여름이 끝나고 본격적으로 가을과 겨울이 다가오는 느낌이다. 학생들은 가을 교복으로 갈아입었지만, 성찬은 혼자 반소매를 입고 있다. 성찬이 보충반을 맡은 지 벌써 석 달이 지났다. 학생들과의 거리는 조금씩 좁혀졌지만 여전히 교과서만 펼치면 학생들은 딴짓에 열중한다. 학생들은 왜 이렇게 수학에 익숙해지지 않는 걸까?

고대에는 대다수 사람이 수학을 할 줄 몰랐고 필요로 하지도 않았으며, 소수의 상인이나 관리들만 일을 처리하기 위해 공부했다. 그런데 지금은 수학의 중요성을 이해하기도 전에 수학의 길로 내몰리게 되니 학생들이 저항하기 마련이다.

"너희들이 뭔가 오해를 하고 있는 것 같아서 이번 시간에는 해명의 시간을 좀 갖고 싶구나. 사실 나는 너희를 수학의 길로 몰아넣는 사람은 아니야. 오히려 반대로 너희들이 이 길을 쉽게 걸을 수 있도록 도와주는 길잡이일 뿐이야. 근본적으로 반항의 대상을 잘못 알고 있는 셈이지."

성찬은 자신을 너무 미워하지 말라며, 학생들에게 〈수학에게 하고 싶은 말〉을 한마디씩 써달라고 했다. 수학이 얼마나 괜한 미움을 받고 있는지, 그 미움의 대상은 얼마나 상처를 받고 있는지 헤아려보길 원했다. 그리고 그들이 수학에 대해 얼마나 깊은 반항심을 갖고 있는지 분석하고 싶었다.

"유치원부터 시작해 너희들은 수학을 접한 지 십여 년이 되었어.

수학에게 한마디 할 수 있다면 가장 하고 싶은 말이 뭘까? 자, 각자 한번 고민해 보자.”

수업이 끝난 뒤 성찬은 혼자 교실에 남아 학생들이 쓴 〈수학에게 하고 싶은 말〉을 읽었다. 수안의 메모가 가장 먼저 눈에 띄었다.

수안 : 똑같은 지식인데, 넌 역사나 국어보다 훨씬 재미없어. 바로 이것이 너와 나의 공통점일지도 몰라. 아쉽게도 비슷한 사람은 서로에게 끌리지 않아. 우리는 반대되는 사람에게 끌리게 되어 있지.

‘반대되는 사람? 수안이 말하는 사람은 누굴까?’ 성찬은 살짝 비밀을 발견한 기분이다.

유아 : 난 너와 친구일까? 누가 너랑 친할 수 있지?

‘이렇게 직설적으로 표현하다니, 수학이 들으면 울 것 같군.’ 성찬은 고개를 가로저으며 다시 메모장을 넘겼다.

정한 : 너는 항상 사람들에게 귀족적인 거리감을 줘. 금융, 소프트웨어, 엔지니어링, 각종 전문 분야의 모든 것을 다 잘하니까 위화감이 들어.

'귀족이라고 하면 전교에서 너만 한 귀족은 없지.'

은석 : 수학, 부탁인데 내가 사람들의 생각을 더 잘 이해하게 해줘!

'이놈이 만인의 완전체로 진화할 작정인가. 수학의 도움이 가장 필요하지 않은 것은 바로 이건데.' 성찬은 한숨을 쉬며 마지막 메모장을 펼쳤다.

연준 : 난 사실 이해가 잘 안 되는데…. 왜 다들 널 이해하지 못하는 걸까. 규칙대로 반복해서 연습만 하면 넌 조금도 어렵지 않은데.

'결국 수학을 좋아하는 사람을 만났구나. 아래에 또 한마디가 있군.'

연준 : 그냥 재미가 없을 뿐.

'아, 전부 수학을 싫어하는데, 그 이유가 다 달라. 왜 배우는지 모르겠다, 열심히 배우고 싶지만 잘하지 못한다, 처음부터 거리감이 있다, 잘하는 사람도 좋아하는 게 아니라 싫지 않을 뿐이다.'

성찬은 머리를 식히러 학교 옆 카페로 나왔다. 수업이 없을 때는 항상 이곳에 와서 시간을 보내는 편이다. 카페 안의 분위기는 매우 고요하다. 창밖을 바라보고 있으면 시간의 흐름이 모두 느려진다. 거리의 사람들은 마치 수족관의 물고기처럼 목적 없이 헤엄쳐 다니는 것 같다. 그런데 거리에서 이 카페 안을 들여다보면 하릴없는 사람들이 대낮에 인생을 즐기고 있는 것처럼 보인다.

성찬은 뜨거운 커피를 홀짝이며, 고등학교 1학년 때 한 학생이 수학 선생님께 이런 질문을 했던 것을 문득 떠올렸다.

"삼각함수와 미적분은 왜 배워야 하나요? 전 더하기, 빼기, 곱하기, 나누기 다 할 수 있어서 물건 사는 데 아무런 문제가 없는걸요?"

당시 수학 선생님은 그 학생을 호되게 꾸짖으며 그가 진취적이지 않다고 말했다. 하지만 지금 생각해 보면 그 선생님이 오히려 이 문제에 정면으로 대답하지 못했던 것 같다. 이제 성찬이 대답할 차례가 왔다.

10

치열한 알바의 세계, 수학으로 무장하라

"제 일은 계수기로 인원수를 집계하는 거예요. 똑같은 기계인데 어떻게 이 정도로 재미없을 수가 있는지…, 핸드폰과 비교가 안 돼요. 제가 계수기라면 진작에 스스로 멸종할 정도로 부끄러워했을 거라고요."

"계수기가 멸종되긴 했지. 하지만 만약 '보간법'을 사용할 줄 안다면 훨씬 수월할 텐데. 넌 가끔 딴짓하느라 헷갈릴 수는 있겠지만."

"좋은 방법이 있나요? 쌤, 빨리 말해주세요!"

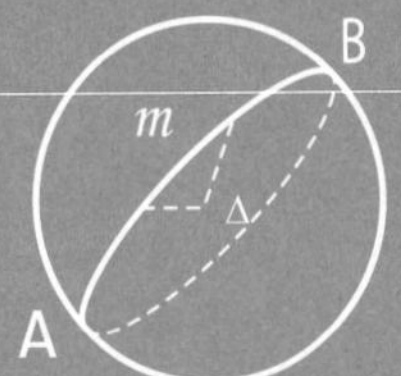

풉
잠깐,
유아가 왜
저기 있지?
쌤,
팬케이크를 사주셔서
감사해요.
지금 넌
학교에 있어야
하지 않니?
쌤도 여기
계시잖아요?
너 왜
수업 시간에
아르바이트해?
다른 사람도
알아?
쌤,
다른 사람에게는
말하지 마세요.
제발요!

다음 날 아침, 성찬은 아점을 먹기 위해 브런치 카페에 왔다. 창밖으로 보이는 사람들의 조급한 걸음걸이는 그로 하여금 어떤 수학의 한 명제를 떠올리게 한다. 보행자의 걸음걸이로 한 도시의 규모를 가늠하는 것이다. '대도시 사람들은 걸음걸이가 비교적 빠르고, 농촌 주민들의 걸음걸이는 비교적 느리다.' 이 규칙에 비추어 볼 때 학교 부근은 꽤 도시적이다.

지하철역 출입구는 개미구멍처럼 사람들이 끊임없이 드나든다. 개미구멍 밖에 조끼를 입은 세 명의 공공근로 학생들이 서 있다. 두 명은 전단을 나눠주고 있고, 한 명은 고개를 숙인 채 계수기에 따라 인원수를 집계하고 있다. 멀리서 보니 유아처럼 보였다.

'잠깐, 유아가 왜 저기 있지?'

※

맞은편에 앉은 유아는 만면에 웃음을 지으며 기대 섞인 표정으로 메이플 시럽을 과일이 깔린 팬케이크에 뿌렸다.

"쌤, 잘 먹겠습니다~."

"지금 너 학교에 있어야 하지 않니?"

"쌤도 여기 계시잖아요."

"나는 보충반 교사라 방과 후에 학교에 가도 되지."

"쌤은 참 좋네요. 이런 여유로운 시간도 누리시고."

“말 좀 돌리지 마.” 성찬이 다시 정신을 가다듬고 말했다.

“너 왜 수업 시간에 아르바이트를 하니? 다른 사람도 알고 있어?”

유아는 갑자기 꼬투리라도 잡힌 듯 순간적으로 자세를 낮추며 사정했다. “쌤, 다른 사람에게는 절대 알리지 말아주세요. 제발요. 그 대신 오늘 이 팬케이크는 제가 사드리는 걸로 할게요.” 유아는 계산서를 자기 쪽으로 가져갔다.

“그런데 너 몰래 알바하는 걸 보니 혹시 집에 무슨 일이라도 있는 거 아니니?” 성찬의 말투가 어느새 슬그머니 걱정으로 바뀌었다. ‘유아가 알바를 숨기는 이유’는 해결할 수 없는 어떤 문제가 있는 상황일지도 모른다는 생각이 들었기 때문이다.

유아는 고개를 저으며 팬케이크 한 조각을 잘라 입으로 집어넣었다.

“집이랑은 상관없어요. 몰래 하는 이유는 누군가에게 줄 선물을 살 돈이 필요해서 그래요.”

얼마 전 백화점 지하에서 유아를 만났을 때도 비슷한 복장이었던 걸로 봐서 아마 그때부터 아르바이트를 하고 있었던 모양이다.

“이렇게까지 열심히 하다니, 대단해!”

“당연하죠.” 성찬의 마음이 뜨거워졌다. 보통 때라면 ‘수학 수업도 이렇게 적극적으로 하면 좋겠어.’라고 했을 테지만, 성찬은 생각을 바꿔 “자, 쌤이 뭘 도와줄 수 있는지 말해 봐. 우리 같이 생각해 보자.”라고 격려하듯 말했다.

유아가 하는 일은 광고 회사를 대신해 지하철역의 매 시간대의 인파를 집계하고 회사에 얼마나 많은 알바생을 보내 전단지를 나눠줄지 평가하도록 돕는 것이다. 유아는 가방에서 접힌 자국이 가득한 기록표를 꺼냈는데 숫자가 빼곡히 쓰여 있었다.

"이건 제가 지난주에 기록한 거예요. 아침 7시부터 12시까지 15분 단위로 집계해서 한 달 동안 연속으로 기록해야 해요. 정말 완전 재.미.없.어.요! 제가 계수기라면 진작에 스스로 멸종할 정도라니깐요."

'계수기가 많이 없어지긴 했지.' 성찬은 자료를 탐색하기 시작했다.

성찬은 평소 유아의 생각이 매우 민첩하다고 생각했다. 하지만 아쉽게도 수학을 좋아하지 않을 뿐이다. 그렇지 않다면 학업 성적이 지금보다 훨씬 좋았을 텐데. 그는 유아의 수학에 대한 평가가 생각났다.

난 너와 친구일까? 누가 너랑 친할 수 있지?

"사실 너의 그 재미없는 알바 일을 훨씬 수월하게 할 수 있는 방법이 있어."

"정말요? 쌤 너무 좋아요, 빨리 말씀해 주세요!"

"이 수치들을 봐. 7시부터 인파가 점차 증가해 8시 30분에 최고조에 달한 후 서서히 감소해서 11시가 최저점이야. 식사 시간이 다가오자 인파가 다시 치솟았어. 인파 변화가 연속적이고 상관관계가 있다는 걸 보여주지." 성찬은 냅킨 위에 곡선을 그렸다.

"그러니까 너는 항상 거기에 서 있을 필요가 없고, 매 정각에 한 번씩 통계를 내고 통계를 내지 않는 15분, 30분, 45분을 수학으로 계산해내면 되는 거지." 성찬은 특히 '수학'이라는 두 글자를 강조했다.

"카페에서 쉬다가 1시간마다 한 번 기록하면 된다는 거죠?"

"그렇지, 8시 통계는 y_1, 9시는 y_2, 중간에 8시 15분, 8시 30분, 8시 45분은 각각 x_1 x_2, x_3의 미지수로 구해야 하는 값이야. 이때 선형 보간법linear interpolation을 사용할 수 있지."

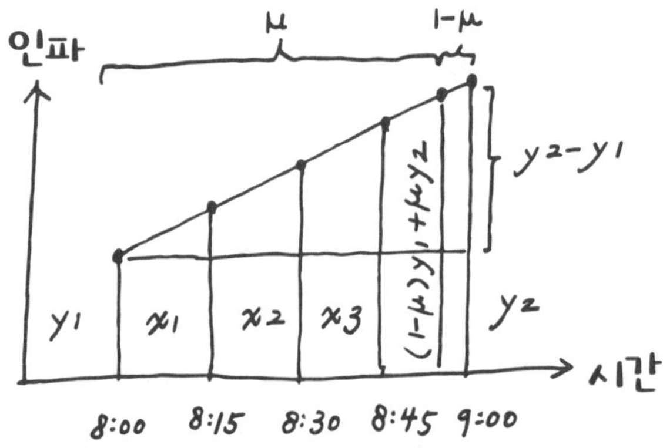

"선형 보간법요?"

"맞아, 일정 기간 데이터가 직선에 근사한 변화를 보인다고 가정할 때 선형 보간법을 사용할 수 있어."

성찬은 종이에 그림을 그리며 계산과정을 써내려 갔다.

"닮은 삼각형의 성질을 이용해 8시 15분의 인파수 x_1은 y_1에 $\frac{(y_2-y_1)}{4}$를 더한 것과 같지. 정리하면 다음과 같아.

$$x_1 = \frac{3}{4}y_1 + \frac{1}{4}y_2$$

같은 방법으로 x_2은 y_1에 $\frac{(y_2-y_1)}{2}$를 더한 것이니까 이렇게 쓸 수 있어."

$$x_2 = \frac{2}{4}y_1 + \frac{2}{4}y_2$$

"분수를 간단히 하면 x_2는 두 값의 딱 중간값으로 y_1과 y_2의 평균인가요?"

수업에 열중하지 않던 유아가 이렇게 진지하게 질문을 던지며 성찬이 가르쳐 준 식을 자신의 말로 다시 해석하려 하자 성찬은 뛸 듯이 기뻤다.

"그렇지, 완전 정확해. 마지막으로 x_3는,

$$x_3 = \frac{1}{4}y_1 + \frac{3}{4}y_2$$

이 방법을 이용하면, 너는 8시 15분, 8시 30분, 8시 45분의 인파수를 구할 수 있을 뿐만 아니라, 어떠한 시점의 결과도 계산해낼 수 있어. 이 시점과 8시와 9시라는 두 정각의 시간차를 계산해서 이 식을 이용하면 되거든."

$$x_\mu = (1-\mu)y_1 + \mu y_2$$

"예를 들면, 8시 53분이라면 μ는 $\frac{53}{60}$이지. 대입해서 계산하면 돼."

"쌤 대단해요!"

유아는 신이 나서 몇 개의 값을 계산한 뒤 통계 결과와 비교했다. 그러나 잠시 후 그녀의 웃음은 점차 사라졌다.

"왜, 안 돼?"

"가까운 값이긴 해요. 다만 선형 보간법의 결과는 인파 변화가 선형적으로 나타나는데, 회사가 이 수치들을 간파하지 않을까 걱정이 되네요. 쌤 보세요, 티가 좀 나죠?"

성찬은 눈을 부릅떴다. 부정행위를 해 본 적이 없던 그는 이 방면의 주도면밀함은 유아를 좇아가지 못했다. 그는 손으로 턱을 괴고 생각했다.

"선형은 일차방정식이지만 차수가 높을수록 그려지는 도형을 발견하기가 쉽지 않지. 내가 2차 보간 공식을 써 줄게." 마치 신비스러운 묘책을 설명하듯이 성찬은 일련의 복잡한 공식을 썼다.

$$y_\mu = \frac{\mu^2-\mu}{2} y_1 - \frac{\mu^2-1}{1} y_2 + \frac{\mu^2+\mu}{2} y_3$$

"8시 15분은 $\mu = \frac{1}{4}$, y_1, y_2, y_3는 각각 7시, 8시, 9시라는 통계 결과야." 유아는 마치 이 종이를 먹으면 이 식을 이해할 수 있다고 생각한 듯 종이 앞으로 얼굴을 들이밀었다. 또한 선형 보간법과 비교해 볼 때 가장 뚜렷한 차이점이 무엇인지 물었다.

"왜 세 개의 시간에 대한 통계 결과가 필요해요? 전에는 8시 15분으로 계산했는데, 8시와 9시만 있으면 됐잖아요."

"선형 보간법은 통계적 결과의 변화를 1차라고 가정하는 선형방정식이고, 지금은 2차라고 가정하는 곡선방정식이기 때문이지." 성찬은 2차 방정식의 표준식을 썼다.

$$y = ax^2 + bx + c$$

"2차 곡선을 푸는 것과 같고 2차 곡선은 3개의 값이 있어야 이 식에서 3개의 미지수 (a, b, c)를 결정할 수 있어."

"그런데 이렇게 8시 15분의 통계로 계산해도 되는데 왜 7시, 8시, 9시를 써야 해요? 8시, 9시, 10시를 쓰면 안 돼요?" 성찬은 매우 흡족했다. 이 문제를 물어본다는 것은 유아가 정말로 보간법의 뜻을 이해했음을 의미하기 때문이다.

"보통 시간이 가까운 것을 고르는 게 정확해."

"삼차방정식으로 바꿔서 보간법을 쓸 수도 있어. 한 번에 네 개의 시간을 집계하는데, 식은…."

"잠깐만요. 너무 어려워서 무슨 말씀이신지 알아들을 수가 없어요." 성찬은 일단 설명을 중지했다. 유아는 잠잠해진 틈을 타 냅킨에 계산식을 써가며 보간법을 연구했다.

성찬은 유아의 열정적인 모습에 도움을 주고 싶었다.

"안 그러면 네가 정각에 있는 시간을 집계해 봐. 내가 프로그램을 써줄게, 15분 간격으로 인원수를 집계해 보자."

그런데 뜻밖에도 유아는 이렇게 말했다.

"안 돼요. 이렇게 하면 '열심히 일해서 모두에게 선물하기'가 아니라 '그냥 공식만 있으면 돼'가 되잖아요." 유아는 냅킨을 접어서 주머니에 넣었다.

성찬은 그녀의 말에 행복감이 느껴졌다. 교실 안에서는 맏언니 같은 유아이지만 카페에 앉아 있는 모습이 역시 어린아이처럼 보여 아이만이 가지고 있는 순수하고 귀여운 모습이 드러났다.

성찬은 원래 기회를 틈타 유아에게 '수학을 모르면 생활에 어떤 영향이 있는지 알 수 없지만, 수학을 할 줄 알면 생활 속의 어떤 일을 분명히 간단하게 만들 수 있다'는 것을 알려주려던 참이었다. 하지만 이번 아르바이트로 인해 유아는 이미 한발 앞서 체험한 것 같다.

내 말 좀 들어줄래!

다항식

수학 덕분에 많은 사람이 가장 싫어하는 영어 알파벳은 x, 두 번째로 싫어하는 것은 y가 되었다. 걸핏하면 $y=ax+b$와 같은 방정식을 풀기 때문이다. $y=ax+b$의 식에서 우변이 'x에 대한 다항식'으로, 말 그대로 'x를 변수로 해 많은 항이 있는 식'이다. k차 다항식은 x^k의 k값이 최대인 것으로, $k=3$이면 3차 다항식이라고 한다.
모든 다항식은 평면상에서 하나의 곡선을 그릴 수 있는데, 1차 다항식은 직선이고, 2차 다항식은 포물선이다. 다항식의 차수가 높을수록 대응하는 곡선의 변화가 커진다. x가 조금만 변해도 x^2, x^3의 변화는 크기 때문이다.

11

선물은 내가, 순열과 조합 계산은 네가

정한은 달력을 만들고 싶다.

두 육면체의 각 면에 0~9의 숫자를 하나씩 새기고, 회전시키면 1~31일의 날짜가 만들어지는 달력을 정말로 만들 수 있을까?

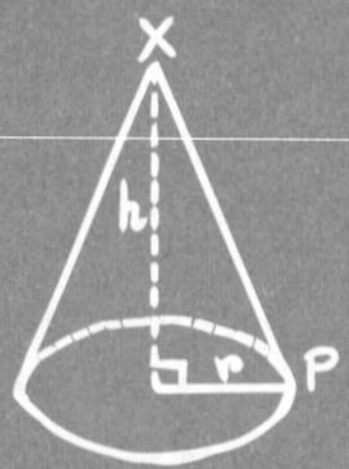

두둥~
유아…
저녁 아르바이트로 바꿨어요. 다른 사람에게 말하지 마세요.
쌤,
한 가지 여쭤보고 싶은 것이 있어요.
유아에게 선물을 주고 싶은데, 한 가지 문제가 생겼어요.
너도 선물을 준비 중이야?
저도요?
사귄 지 5주년 기념선물이라 직접 만들려고요.
home-made gift. 최고!
아… 아니! 정한은 정말 멋진 남친이구나!
잠깐만, 네가 만들고 싶은 게 주사위야?

쌤, 전 저녁에 아르바이트가 있어서 오늘 수업 못 갑니다.

PS : 다른 사람에게 제가 아르바이트한다는 걸 알리지 마세요.

성찬이 유아에게 '앞으로는 문자로 결석을 알릴 수 없다'는 메시지를 보내고 있던 참이었다.

"쌤, 한 가지 여쭤봐도 될까요?" 공손하고 예의 바른 정한의 목소리가 바로 귓가에 울렸다. 순간적으로 놀란 성찬은 핸드폰을 바닥에 떨어뜨릴 뻔했다. 고개를 들어보니 정한이 정육면체 지우개 두 개를 들고 서 있었다.

"선물을 준비하고 있는데, 쌤께 여쭤보고 싶은 부분이 있어서요."

"오, 너도 선물을 준비하고 있다고?"

"저도요?"

말문이 막힌 성찬은 그 자리에서 어떻게 해야 좋을지 몰랐다. 그때 마침 은석과 연준이 온터라 다행히 곤란한 상황은 피할 수 있었다. 정한은 직접 만들고 싶은 선물에 대한 자신의 생각을 설명했다.

"특별한 기념일에 사람들이 쉽게 살 수 있는 선물을 하고 싶지는 않아요. 그리고 최고의 선물은 직접 만든 선물이라고 해서…."

"Home-made gift." 맨 앞줄에 앉은 수안이 말했다. 은석은 자기보다 로맨틱하지 않은 정한이 이런 말을 한다는 게 납득할 수 없다는 표정이다. 연준은 정육면체 모양의 지우개를 가리키며, "그래서 주사위를 우리에게 주고 싶어?"라고 묻자, 정한이 고개를 가로저었다.

"여행 중에 기념품점에서 나무로 된 탁상 달력을 봤는데, 안에 육면체 두 개가 있고, 각 면에 '날짜'를 나타내는 숫자가 하나씩 쓰여 있었어요. 그리고 세 개의 긴 나무 기둥의 네 면에 각각 4개월씩 쓰여 있어서 열두 개의 '달'을 나타낼 수 있어요. 세 개의 나무 기둥을 한데 모으면, 마침 두 개의 육면체를 붙인 부분과 면적과 같기 때문에, 세 개의 나무 기둥은 두 육면체의 아래에 오게 되죠." 정한은 마치 지우개에 화면이 있는 것처럼 손에 든 두 개의 지우개를 바라보며 말했다.

"그래서 바로 올해 기념일에 그것과 똑같은 달력을 만들어서 선물하기로 결심했죠."

"이런 문제는 미술 쌤을 찾아가야지. 성찬 쌤은 딱 봐도 솜씨가 좋지 않을 거 같은데, 무슨 소용이 있겠어?"라고 연준이 말했다.

"문제는 조각이 아니라 '숫자'에 있어." 정한은 지우개 하나를 집어 들어 각 면마다 숫자를 썼다. 몇 개의 면에는 희미하게 닦은 흔적이 남아 있었다. 정한은 계속해서 설명했다.

"전자 달력은 계산기에 7단으로 표현돼요."

"그건 또 뭐야?" 은석이 바로 물었다. 성찬은 한 손에 계산기를 들고 은석에게 설명했다.

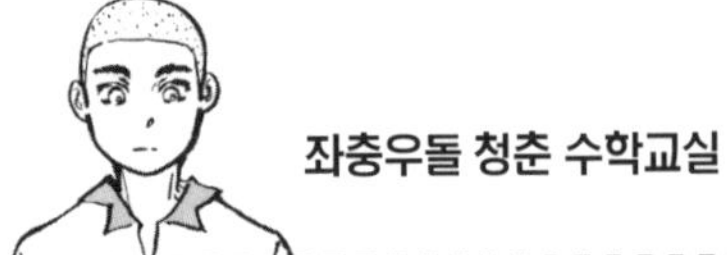

"7개의 선분으로 0~9의 숫자를 나타내는데, 이를 7단 디스플레이라고 하지." 정한이 다시 연준에게 설명했다.

"정육면체 두 개를 이용하는 데 각 면에 숫자를 써보니 모두 열두 면으로 모든 날짜를 표시하기에 부족해."

연준은 손가락으로 책상을 두드리며 말했다.

"숫자 중복은 잠시 무시하고 정육면체 두 개에 총 6×6×2=72개의 두 자릿수를 나타낼 수 있는데, 31일보다 크니까 이론적으로 확실히 나타낼 수 있어. 각 면의 숫자는 마음대로 쓰면 안 되고, 특별히 설계해야 하는데 각 면에 0에서 5까지 쓰는 건 아니야." 정한은 연준의 말에 놀라움을 표시했다.

"연준아, 넌 참 대단하다. 난 계산은 안 하고 천천히 구상만 해 봤어. 11일, 22일이 있으니까 두 면에는 1, 2가 무조건 다 있어야 해. 다시 두 개의 정육면체에서 각각 네 면씩 남아서 모두 여덟 면인데, 0과 3~9까지 모두 여덟 개의 숫자가 나타나야 하잖아. 그러니까 딱 한 면에 한 개의 숫자를 쓰면 되는 거지."

그러자 은석이 갑자기 끼어들었다. "그럼 다 된 거 아냐?"라며 지우개에 적힌 숫자를 지우고 '1, 2, 0, 4, 6, 8'과 '1, 2, 3, 5, 7, 9'의 숫자를 다시 적었다.

연준은 지우개를 받아들고 "4일, 6일, 8일이 안 나오잖아."라며 '1, 2, 0, 4, 6, 8'이라고 적힌 지우개를 집어 들었다. 그러곤 "이 세 개의 숫자는 0과 다른 지우개에 쓰여야 해."라고 말했다.

"아…." 은석은 그제야 이해한 듯 고개를 끄덕였고 정한이 말을 이었다.

"나는 바로 여기에서 멈췄었어. 분명히 여덟 개의 면은 여덟 개의 숫자를 나누어 주어야 하는데, 두 개의 정육면체는 1과 2를 중복해서 가져야 할 뿐만 아니라, 0도 중복해야 하잖아. 그런데 이렇게 되면 두 개의 육면체가 각각 세 개의 빈 면을 남겨 놓고 여섯 개의 숫자만 채울 수 있고, 또 3~9까지 총 일곱 개의 숫자를 표시해야 하는데 도저히 할 수가 없어."

성찬이 잠시 중얼거리더니 정한에게 "너 정말 기념품점에서 이런 탁자 달력을 본 적이 있어?"라고 묻자 정한은 고개를 끄덕였다.

그럼 반드시 옳은 방법이 있을 것이다. 성찬은 생각에 잠겼다. 여섯 면에 일곱 개의 숫자를 채우는 것은 불가능하다. 네 사람은 마치 원탁에 둘러앉은 기사마냥 동그랗게 둘러앉아 한참을 고민했다. 수업 종이 울렸으나 여전히 자리를 떠날 생각이 없었다. 은석은 가장 먼저 포기하고 한 손으로 지우개 두 개를 집어 던졌다.

"짝수가 나오면 내일 여친이랑 데이트하고, 홀수면 수학이랑 데이트해요. 에이, 0이 홀수냐 짝수냐?"

"홀수도 짝수도 아니야." 수안이 냉정하게 대답하는 모습이 기분이 안 좋아 보였다.

“0은 짝수야, 수안이 정말 모르는 건지, 아니면 일부러 틀린 건지 모르겠네.” 성찬은 지적인 듯 아닌 듯 모호하게 바로 잡아줬다.

“그래, 그럼 다시 던질게. 6 잠깐만, 9인가? 연준아, 도와줘.”

“네가 쓴 글씨도 못 읽는데 내가 어떻게 알아?”

“알았다!” 성찬이 큰 소리로 외치는 바람에 아이들은 일제히 그를 쳐다봤다.

“정육면체는 마음대로 회전할 수 있기 때문에, 9를 6으로 나타낼 수 있어. 이렇게 되면 여섯 개의 빈 면에 나머지 일곱 개의 숫자 (3, 4, 5, 6, 7, 8, 9)를 나타내기에 충분하지.”

“그렇구나, 은석아, 네가 지우개를 던지는 바람에 알게 됐어. 모두 네 덕분이야.” 정한은 지우개 두 개를 들어 서로 각 면에 쓰인 숫자를 지우고, 다시 숫자를 채워 결과를 테스트했다.

“연준아, 무슨 생각해?” 성찬은 연준이가 여전히 책상을 두드리고 있다는 것을 알아차렸다. 무언가에 골똘히 빠져 있을 때 하는 특유의 동작이다.

“방금 이 두 면이 1~31 말고도 몇 개의 숫자를 더 만들 수 있을까 하는 생각을 하고 있었어요.”

“마치 시험에 출제될 것처럼 들려.” 은석은 상관없다는 투로 말했다.

“답은 어렵지 않은데 지금 0, 1, 2, 3, 4, 5, 그리고 0, 1, 2, 6(9), 7, 8

을 각각 새겼는데 중복을 고려하지 않고 총 6×7×2=84종의 배열이 있어. 다시 중복되는 상황을 빼는데, 이 상황은 두 개의 정육면체가 동시에 0~2까지 선택되었을 때 생기고 이때 조정 위치에 영향을 주지 않기 때문에 3×3=9가지를 빼야 해. 이렇게 되면 총 75개의 두 자릿수를 나타낼 수 있어. 1~31 외에도 44개의 두 자릿수가 더 있는 셈이야." 연준은 묘한 미소를 지으며 설명을 이어 나갔다.

"방금 그 문제 재밌는데, 도대체 어떻게 44개 숫자인지 지금 설명해 볼게. 먼저, 어떤 날짜는 일의 자리수와 십의 자리수가 짝을 이루어서 1~31이 표시되지. 예를 들어, 04, 05, 06, 07, 08, 09의 6개와 짝을 이루는 결과는 40, 50, 60, 70, 80, 90이고 14, 15, 16, 17, 18, 19의 6개와 짝을 이루는 것은 41, 51, 61, 71, 81, 91이 돼. 24, 25, 26, 27, 28, 29의 6개와 짝을 이루는 것은 42, 52, 62, 72, 82, 92이고 다음으로, 한 조각은 3, 4, 5, 나머지 한 조각은 6(9), 7, 8을 선택하는 상황을 고려해야 하니까 총 3×4×2=24개로 구성되지. 이것들의 합은 모두 3×6+24=42개가 돼."

"두 개가 모자라는데?" 정한이 물었다. 연준은 두 개의 숫자를 바로 알려주었고 자리에 앉아 있던 수안도 일어나 결과를 확인했다.

"1일보다 하루 빠른 00일, 31일보다 하루 늦은 32일. 이쯤 되면 '달력의 연장선상에서 모두가 항상 함께했으면 좋겠다'는 말과 같아."

"고마워. 난 이렇게 감동적인 대사가 생각나지 않아." 정한은 연준에게 진지하게 감사를 표시했다. 성찬은 정한의 〈수학에게 하고 싶은 말〉에 대한 대답이 생각났다.

너는 항상 사람들에게 귀족적인 거리감을 줘. 금융, 소프트웨어, 엔지니어링, 각종 전문 분야의 모든 것을 다 잘하니까 위화감이 들어.

성찬은 정한의 생각을 바꿔보기 위해 이렇게 말했다.

"수학은 반드시 매우 전문적인 영역에서만 쓸모가 있는 것은 아니야. 봐, 이렇게 사소해 보이는 상황에도 수학이 숨어있잖아. 수학과 일상생활의 거리는 생각만큼 멀지 않아." 그러자, 정한은 고개를 끄덕이며 손바닥 위 지우개를 다이아몬드처럼 받쳐 들었다.

내 말 좀 들어줄래!

조합

조합은 고등학교 수학에서 중요한 단원인 '순열, 조합'과 '확률'의 기초가 된다. 이것은 농구팀 감독이 늘 직면하는 문제로, 팀 12명 중 고정된 선발 5명이 있다고 하면 '시합 중에 선수를 교체해야 할 때 언제 누가 교체 투입되어야 하는지, A와 B는 비록 벤치에서 가장 강한 선수이지만 함께 경기장에 두는 효과는 좋지 않으니 또 다른 조합을 시도해야 한다' 등등을 모두 고려할 수 있을까?

선수를 교체하는 룰이 간단해 보여도 사실 각종 조합의 수는 놀랄 만큼 많다. 포지션을 고려하지 않고 12명 중 5명을 출전시킨다면, 이는 ${}_{12}C_5$이라는 수학기호로 표시할 수 있다.

이 기호가 나타내는 연산 과정은

$$ {}_{12}C_5 = \frac{12 \times 11 \times 10 \times 9 \times 8}{1 \times 2 \times 3 \times 4 \times 5} = 792 $$

이다. 이 식에서 C라는 수학기호의 규칙을 알 수 있을까? 만약 알아차렸다면 검산을 할 수 있다. 3대 3의 시합을 예로 들자면, 한 팀 5명 중에서 3명을 골라 출전할 때, 모두 ${}_5C_3$=10가지 다른 출전 조합이 있다.

12

최소 비용으로 최대 효용 얻기

다섯 명의 신하가 황금 100냥을 모아 황제에게 선물을 하려 한다. 그중 네 번째 신하가 자신이 황금을 조금 더 내어 선물할 계획으로 자신의 결정권을 늘리려 한다. 이 경우 36냥이나 32냥으로 많게는 4냥밖에 차이가 나지 않지만, 이는 하늘과 땅 차이이다.

"황제에게 뭘 선물하려는 거야?"

"잘못 짚은 거 같아."

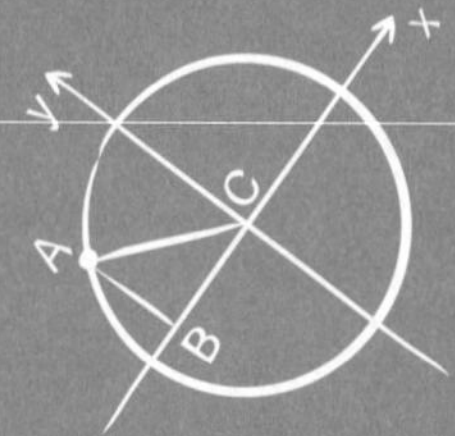

휘
익~
바람이
세차게 분다.
수업 시간에
음악을 듣다니….
수안!
응정황제?
수업 시간에는 음악을
들으면 안 돼. 수안?
수안은 음악을
듣는 게 아니에요.
이건 우리
아빠가 보는
연속극이잖아?
쌤이 수업 시간에
하고 싶은 거 하라고
하지 않으셨나요?
음…

바람이 세차게 분다. 열어놓은 창문 탓에 펼쳐놓은 교과서가 '휘리릭' 넘어가고 학생들의 머리카락이 헝클어졌다. 수안의 손가락이 머리를 다듬느라 끼고 있던 하얀 이어폰 줄이 드러났다.

"수안아, 수업 시간에는 음악을 들으면 안 돼. 수안?" 성찬은 이어폰을 낀 수안이 자신의 말을 못 듣는 것 같아 목소리를 높여 말했다. 수안이 성찬의 말에 서둘러 이어폰을 빼고 핸드폰 화면을 가렸다.

"쌤, 오해예요. 수안이는 음악을 듣지 않았어요." 은석이 호기심에 다가가 들여다보고는 "연속극을 보고 있는데요, 〈옹정황제〉? 우리 아빠가 보는 연속극이잖아."라고 말했다.

"쌤이 수업 시간에 하고 싶은 거 하라고 하지 않으셨나요?" 수안은 우물쭈물하며 오해를 불러일으킨 핵심 인물을 바라보았다. 그러자 유아는 고개도 들지 않고 말했다. "나를 끄집어들여도 소용없어. 나는 원래 수업을 안 듣잖아. 핸드폰을 가지고 놀다가 모두가 수업을 마칠 때까지 기다리지. 그냥 교실에 앉아 있을 뿐이야."

수안은 급히 변명을 했다.

"최근 역사 시간에 청나라를 배우고 있는데, 선생님이 청나라 역사의 한 장면을 다른 각도로 해석하라고 하셔서요." 얼버무리며 말하는 수안의 목소리는 누군가 볼륨 버튼을 조정하는 것처럼 마지막 몇 마디가 점점 작아졌다.

"쌤, 수안은 역사 공부는 정말 열심히 하니 우리가 도와줘요!" 은석이 손을 들어 큰 소리로 말했다. 이 녀석은 역시 '도움이 필요한 사람을 방관할 수 없다'는 성격을 지녔다.

"쌤이 정한이를 도와주셨는데 남학생만 도와주시면 안 되죠."

"쌤, 청나라 역사를 수학적으로 말씀해주실 수 있을까요? 지금은 분야를 넘나드는 융합 교육이 대세잖아요." 연준이가 정말 아이디어를 낸 것인지, 아니면 단순히 가볍게 던진 건지는 알 수가 없었다.

"애플이 버버리 CEO를 소매총괄로 영입한 것과 같네.", "NBA 스타가 월드컵 축구 경기 광고를 찍으러 가는 거지." 유아와 은석도 한마디씩 거들었다. 성찬이 이길 재간은 없었다.

"아까 수안이가 봤던 드라마 〈옹정황제〉는 권력투쟁을 묘사한 궁중극이야. 청나라 역사의 한 장면을 해석하라고 했으니 이런 장면을 상상해 보자. 다섯 명의 신하가 황제의 생일에 어떤 선물을 할지 토론하고 있는 거야."

"너무 평범한 사례 아닌가요. 황실이 이렇게 훈훈한가요?"

"황제도 촛불을 불고 케이크를 잘랐을까요? 이왕이면 초콜릿 케이크면 좋겠는데." 성찬은 손을 뻗어 대화를 끊었다.

"만약 다섯 명의 신하가 함께 선물을 하려고 할 때, 각각 동일한 금액을 내고 각자가 같은 결정권을 가진다면, 3명이 넘는 찬성이 있어야 어떤 결정을 할 수 있어. 하지만 금액에 차이가 있다면, 결정권에 차이가 생기겠지? 그중 네 번째 수학을 아주 잘하는 신하는 멋진 문장이 쓰인 서화를 사고 싶었어. 아, 수안아, 너는 역사를 좋아하니 추천해 주면 좋겠다. 황제는 어떤 서예가를 좋아할까?"

"동기창이요." 성찬은 그가 누구인지 전혀 알지 못했지만 쌤의 체면에 모른다고 할 수 없어 고개를 끄덕였다.

"내 생각도 그래. 네 번째 신하는 동기창의 서화를 사서 황제에게 주려고 했어. 하지만 너무 비싸서 정가가 무려 100냥에 달했지. 목적을 달성하기 위해 네 번째 신하는 돈을 더 내기로 결정했어. 그는 다른 신하들에게 황금 100냥을 모으자고 제안했어. 그리고 자신이 조금 더 내도 상관없다며 36냥을 낸 거야. 남은 것은 여러 신하가 공평하게 나누고."

성찬은 칠판에 (36, 16, 16, 16, 16) 숫자를 썼다.

"이 숫자에 특별한 의미가 있나요?" 연준은 뭔가 이상하다는 듯 고개를 갸우뚱했다.

"물론, 네 번째 신하가 36냥을 쓴 상황에서, 어떤 사람이라도 끌어들이면 $36+16=52$ 과반수의 표를 가지게 되는 거야." 성찬은 또 숫자 (32, 17, 17, 17, 17)을 쓰고 말했다.

"하지만 네 번째 신하가 수학을 조금 못한다면, 32냥의 황금만 냈겠지. 이렇게 되면 동기창의 서화를 사기 위해서 적어도 두 명의 다른 형제의 동의를 구해야 하고 세 명 이상이 되어야 결정할 수 있어."

"$32+17=49<50$은 과반을 넘지 못하고 $36+16=52>50$은 과반이

되네요." 정한은 노트에 계산하며 말했다. 유아는 "32냥 내는 상황은 20냥씩 내는 상황과 똑같지 않아요?"라고 반문했다. 성찬은 고개를 끄덕이며 "맞아, 다시 말해서 네 번째 신하가 더 낸 12냥은 조금도 의미가 없어. 만약 다른 세 명의 신하가 이 돈으로 요강을 사기로 결정해도 그는 승낙할 수밖에 없지."라고 말했다.

"누가 감히 요강을 선물로 사겠어?" 은석이 끼어들었다. 정한은 "하지만, 원래대로라면 많이 낼수록 결정권이 있지 않나요?"라고 물었다. 이에 성찬은 "권력은 누가 얼마나 내느냐가 아니라 과반을 누가 결정하느냐가 더 중요해. 금액이 권력을 완전히 대표할 수는 없고 '샤플리-슈빅Shapley-Shubik 권력지수'라고 더 정확하게 계량화하는 방법이 있는데, 투표 결과를 좌지우지하기 쉬운 사람일수록 샤플리-슈빅 권력지수가 높지." 은석이 몸을 앞으로 내밀며 말했다.

"매번 쌤이 수학 법칙을 말씀하실 때마다 지금이 수학 시간인지 영어 시간인지 헷갈려요. 이번엔 또 무슨 '샤크shark'요?"

"샤크가 아니라 샤플리. 그건 사람 이름이야. 샤플리와 슈빅 두 명의 수학자야." 수안은 부드럽게 설명했다. 은석은 머리를 긁적거리며 알겠다는 표정을 지었다. 성찬은 계속 설명을 이어갔다.

"예를 들어, 각각 2표, 5표, 3표, 3표를 쥐고 있는 유권자 A, B, C, D가 있어. 총 표수는 13표이고, 7표가 과반을 차지해. A가 먼저 찬성표를 던지면 B가 찬성표를 던졌을 때 과반이 되는데, B가 바로 이 상황에서의 권력자야. 앞사람이 모두 찬성하는 상황에서 어떤 사람의 차례가 되었을 때, 그가 찬성해서 통과할 수만 있다면, 그가 바로 권력자가 되는 거야. 다른 상황은 A가 먼저 찬성표를 던지고, 이어서 C가 찬성표를 던져도 여전히 과반을 넘지 않아."

성찬은 잠시 설명을 멈춘 뒤 아이들이 모두 그의 말을 이해할 때까지 기다렸다.

"그래서 C는 권력자가 아닌데 C도 찬성하면 다음 유권자가 힘이 있어. 그의 찬성이 과반을 상징하기 때문에 그가 바로 이번 투표의 권력자가 돼." 연준은 고개를 갸우뚱하며 물었다.

"쌤은 권력자 한 사람의 표수와만 관련이 있는 것이 아니라 투표의 순서에 의해서도 영향을 받는다고 말씀하셨는데 투표 순서도 모르는 상황에서 어떻게 권력지수를 계산하죠?"

"우선 모든 투표 순서를 고려해서 투표 순서별로 나열한 다음에 각 사람이 권력자가 된 횟수를 집계해. 그리고 그 값을 모두 더해서 투표 순서의 총수로 나누기만 하면 권력지수를 얻을 수 있어. 예를 들어, 세 명의 유권자 A, B, C가 있으면, ABC, ACB, BAC, BCA, CAB, CBA의 모두 6가지 순서가 있지. 그래서 이 6가지 중에 누가 몇 번 권력자가 되는지 구한 후, 그 값을 모두 더해서 다시 6으로 나누면 한 사람당 권력지수라는 걸 집계할 수 있어."

성찬이 돌아서서 칠판에 쓰인 (36, 16, 16, 16, 16)의 위치에 몇 가지 순서를 더 써 내려갔다.

36→16→16→16→16
16→36→16→16→16
16→16→36→16→16
16→16→16→36→16
16→16→16→16→36

"우리는 몇 가지만 나열하지만, 이 몇 가지가 전체를 대표할 수 있어. 5가지 순서에서 36냥의 금을 낸 네 번째 신하는 모두 3번 권력자가 되고, 그의 권력지수는 $\frac{3}{5}$=60%에 달해. 나머지 4명은 나머지 40%를 똑같이 나눠 권력지수가 (60%, 10%, 10%, 10%, 10%)가 됐어. 네 번째 신하는 절대 권력의 절반을 가지고 있는 거야. 실제로 딱 한 사람만 찾아가서 지지해 주면 끝나버리지. 하지만 다른 사람이 반대하려면 네 명이 동맹을 맺어야 해."

연준은 아무 말도 하지 않고 규칙적으로 책상을 두드리고 있었다. 마치 그 모습이 고속으로 돌아가는 컴퓨터의 CPU처럼 보였다. 눈만 깜박이던 연준이 입을 열었다.

"권력지수는 눈에 보이는 돈의 액수와는 정말 다르네요. 쌤의 예를 빌려 다섯 명의 투자 비율을 (35, 28, 22, 14, 1)로 바꾸어 황금 14냥을 낸 사람이 열네 째, 35냥을 낸 사람이 넷째라고 가정할게요."라며 암산 결과를 발표했다.

"언뜻 보기에 열네 째도 꽤 무게가 있는 것 같지만, 실제로 그는 전혀 결정에 영향을 줄 방법이 없어요. 권력지수가 (37%, 28%, 28%, 3%, 3%)로 그는 황금을 1냥밖에 내지 않는 사람과 같이 쓸모가 없어요."

다섯 사람의 순열의 수는 모두 120가지인데, 이런 예를 찾아내려면 또 얼마나 많은 연산을 거쳐야 하는지 모른다. 하지만 연준은 몇 초 만에 모두 계산해냈다. 성찬은 그가 계산하는 것만 보아도 매우 즐거웠다. 은석의 비유로는 소년 야구 선수가 프로 야구 선수의 방망이를 보고 있는 것 같다고 했다. 연준의 설명이 계속 이어졌다.

"하지만 열네 째가 넷째에게 1냥을 더 내라고 하고 셋째는 1냥을 덜 내라고 종용한다면 겨우 1냥 차이지만, 권력지수는 오히려 (45%, 20%, 20%, 12%, 3%)으로 조정돼. 넷째의 권력이 단숨에 8% 상승하자 넷째는 매우 만족하겠지. 하지만 가장 큰 수혜자는 사실 열네 째로 권력지수가 3%에서 12%로 폭증해. 쌤, 이건 또 어떻게 해석해야 할까요?"

"넷째는 원래 2등과 3등에게 의지할 수 밖에 없기 때문에 4등인 열네 째는 전혀 의미가 없었어. 하지만 이후의 상황은 넷째가 열네 째를 끌여들여 더하면 절반을 넘길 수 있기 때문에 열네 째도 권력이 생기지. 자신을 필요하게 만드는 것은 반드시 자신의 능력을 향상시키지 않아도 되고, 자신이 필요로 하는 문턱을 낮출 수 있어." 성찬의 말이 끝나자 연준이 덧붙였다.

"그러니까 권력 게임에는 항상 '차선의 적을 연합해 주적을 공격하라'는 장면이 나오지."

"오!" 교실 안에 문득 깨달음의 탄성이 울렸다.

성찬은 갑자기 〈수학에게 하고 싶은 말〉에서 수안이 건넨 말이 생각났다.

똑같은 지식인데, 넌 역사나 국어보다 훨씬 재미없어. 바로 이것이 너와 나의 공통점일지도 몰라. 아쉽게도 비슷한 사람은 서로에게 끌리지 않아. 우리는 반대되는 사람에게 끌리게 되어 있지.

성찬은 즉시 준비한 답변을 말했다.

"사실 우리는 수학을 하나의 언어로 볼 수 있어. 연산 규칙은 문법이고 연산 과정은 묘사로 보면 되지. 물론 수학의 언어는 쉽지 않아. 극도로 정확하고 정량적이거든. 이해하기 어렵지만 일단 이해하게 되면 권력 배분과 같은 복잡한 것에 대해서도 명확하게 묘사할 수 있어. 시간을 들여 수학을 배우면, 다시 말해서 더 많은 복잡한 사물과 더 많은 새로운 지식을 이해하는 것은 새로운 언어를 배우는 즐거움

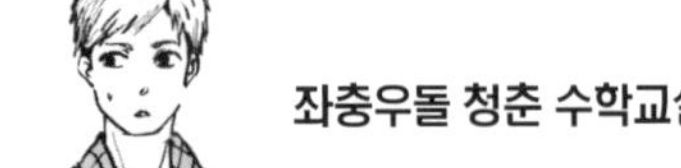

과 아주 비슷하지 않을까?"

수안이 성찬의 뜻을 이해했는지는 알 수 없지만, 성찬은 그녀의 입 모양이 소리 없이 '수학, 하나의 언어'라는 말을 되풀이하고 있다는 것을 알아차렸다.

내 말 좀 들어줄래!

순열

'순열'은 고등학교 수학에서 중요한 단원인 '순열, 조합'과 '확률'의 기초이기도 하다. 예를 들어, 가령 아침 식사를 하는 가게에 두유, 쌀국수, 밀크티 세 가지 메뉴가 있다고 하자. 월요일부터 수요일까지 3일 동안 매일 번갈아 먹고 싶다면, 월요일에는 3가지 선택이 있고, 화요일에는 2가지 선택이 남고, 수요일에는 1가지 선택이 남아서 모두 $3\times2\times1=6$가지이다.

수학에서는 '3!'은 $3\times2\times1$인데 $3\times2\times1$은 3부터 1까지 차례대로 곱한다는 뜻이다. 만약 밀크티와 쌀국수만 남았는데, 밀크티를 좀 더 좋아한다면, 이틀 동안 밀크티를 마시게 될 것이고, 계산이 좀 복잡해질 것이다. 이때 우리는 밀크티 두 잔을 A, B로 번호를 매길 수 있다. 이렇게 하면 3일 동안 여전히 3가지 선택이 있으므로 총 6가지이다.

하지만 최종적으로 $\frac{6}{2}=3$가지이다. 왜냐하면 월요일, 수요일에 밀크티 A, B를 마시는 것과 수요일, 월요일에 밀크티를 마시는 것은 동일한 상황이기 때문이다.

13

감정을 계량화하는 결혼 방정식

한 부부의 대화를 통해 두 사람의 감정을 계량화한다.
유머러스하고 공감하는 반응이 +4점, 화내고 투덜대는 건 -1점,
경멸은 -4점이다.
"쌤, 수다 중에 짝이 수학 이야기하면 -10점 해요."

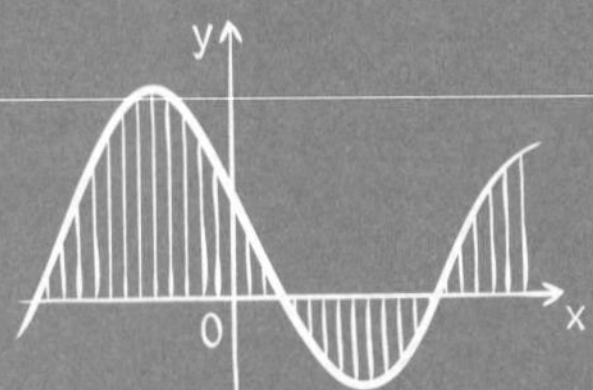

곧 수학 시험이다
연습문제 풀이하는 건 정말 재미없어.
누군가 설명을 녹음해서 인터넷에 올려주면 좋을 텐데.
봐, 쌤도 연습문제 푸는 걸 싫어하면서 우리에게 강요해!
이것은 먹기 싫은 채소를 남의 그릇에 집어넣는 것과 같아.
인터넷 강의도 학습 성과를 기록하고,
공부를 열심히 하면 상도 줘요. 온라인 게임처럼 말이죠.
쌤, 저는 가끔 교육용 사이트에서 연습문제를 봐요.
나도 봤어.
타이베이에는 연간 약 13만 쌍의 신혼부부가 탄생한대.
쌤은 결혼하셨어요?
아니.
우선 연습문제는 내버려 둬. 더 중요한 문제가 우리를 기다리고 있어!
2013년에 53,599쌍의 부부가 이혼했어.
평균 10분마다 한 쌍꼴로 이혼한 거네.
이게 시험하고 무슨 상관이야?

쓱, 쓱, 쓱.

성찬이 칠판에 식을 재빠르게 써 내려갔다. 수학 시험은 한 달 앞으로 다가왔는데 여전히 진도는 크게 뒤떨어져 있다. 수업 시간에 교과서 외의 것을 다루느라 시간을 허비했으니 어쩔 수가 없다. 성찬은 쌤이 된 후에야 자신이 수업 시간에 수다 떠는 것을 학생들보다 더 좋아한다는 것을 알게 되었다. 교과서를 읽고 문제를 푸는 것과 같은 고지식한 지식보다, 수다를 떨 때야말로 진정으로 수학이라는 학문에 더 가깝게 다가간 기분이다.

"누군가 문제 푸는 설명을 녹음해서 인터넷에 올려주면 좋겠다." 성찬의 말이 끝나자마자, 유아는 기회를 놓치지 않고 말했다.

"봐, 쌤도 문제 푸는 것을 좋아하시지 않으면서 우리에게 강요하는 건, 바로 먹기 싫은 채소를 남의 그릇에 집어넣는 것과 같아."

"네가 정한이한테 그렇게 하잖아." 은석이 불쑥 끼어들며 말했다.

"정한이가 채소를 좋아하니까 그렇지. 맞지? 정한아?"

"응." 무심한 듯 대답한 정한이는 고개를 돌려 성찬에게 말했다. "쌤, 저는 가끔 집에서 교육용 사이트에서 수업 영상, 연습문제를 보는데 사이트에서 학생들의 학습 성과를 기록하고, 점수를 집계해서 상을 주기도 해요."

"온라인 게임 같네." 수안이 작은 목소리로 말했다.

'역사녀'인 그녀지만 수학 온라인 게임에도 꽤 관심이 있어 보인다.

성찬은 이런 도구가 어쩌면 자신을 수업 진도의 압력에서 해방시킬 수 있을지도 모른다는 생각이 들었다. 학생이 집에서 예습하고 학교에선 모르는 부분에 대해 지도하면 기초가 있는 학생들은 그룹별로 토론할 수 있고, 교사의 일방적인 강의를 모두 듣지 않아도 된다. 그러면 지금처럼 수업 태도가 불량하지도 않을 것이다.

그때였다. "비율이 너무 높아."라며 은석은 친구들의 대화를 끊고 자신이 읽던 신문을 연준에게 건네주었다.

"대만 타이베이에는 1년에 약 13만 쌍의 신혼부부가 나온대. 통계에 따르면 2013년 무려 5만 3,599쌍이 이혼했는데 하루 평균 147쌍이 이혼한 셈이래. 한 시간에 약 6.1쌍이니 10분에 1쌍꼴이지." 연준의 말에 수안은 화들짝 놀라며 성찬에게로 질문을 던졌다.

"엄청나네. 그런데 쌤은 결혼하셨어요?"

"아니."

"그럼 됐어요. 신경 쓸 거 없네요."

"그런데 이게 시험하고 무슨 상관이야? 결혼을 분석하고, 결혼의 감정을 촉진할 수 있는 수학이라도 있는 건가요?" 유아가 물었다.

'지금은 진도가 급하니 더 이상 잡담을 하며 시간을 낭비해서는 안 돼.' 성찬은 이런 생각을 하면서도 학생들이 제기한 수학 문제를 무시하는 것이 옳은 태도인지 고민이 되었다. 그때 은석이 나섰다.

“내가 검색해 볼게. 오, 어떤 심리학자가 식을 하나 제안했어. 이 식의 값이 양수이면 좋은 감정이라는 거래.”

성찬은 어차피 시험 진도를 빼기는 글렀다는 생각에 아이들의 대화에 적극적으로 참여했다.

“제임스 머레이James Murray라는 옥스퍼드대 수학 교수가 ‘결혼 방정식’을 제시한 적이 있어.” 이상하게도 진도를 포기하고 나니 기분이 한결 좋아졌다.

“이 교수는 수백 쌍의 부부를 연구실로 초청해서 돈, 정치, 양성 등에 대한 대화를 나누었어. 그는 부부들의 대화 과정을 기록하고 분석해 양측의 감정을 계량화했지.”

“감정을 잰다고요?” 은석은 알 수 없다는 표정을 지었고, 성찬은 고개를 끄덕이며 칠판에 표를 그렸다.

유형	점수
애정,유머,공감,기쁨	+4
관심	+2
화,억지,슬픔,투덜거림	-1
도발,방어,듣기 거부	-2
역겨움	-3
무시	-4

“유머가 중요하다는 것에는 동의하지만 무시가 이렇게 낮은 점수라고요?” 은석이 묻자 유아는 당연하다는 투로 대답했다.

“당연하지. 여자들은 자기를 무시하는 남자는 절대 좋아하지 않아.” 성찬은 수업이 삼천포로 빠지는 걸 막기 위해 얼른 본론으로 들어갔다.

“자, 제임스 머레이는 정량적 결과를 이용해서 이 그래프를 그렸어. 그래프에서 y축은 부부간 대화의 누적 점수 변화이고, x축은 대화 시간…,

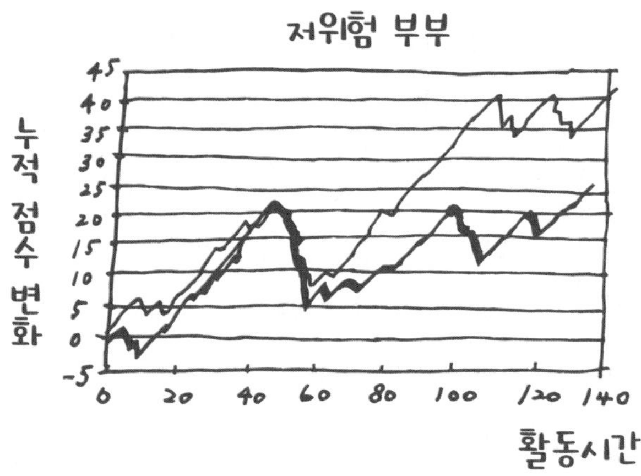

이건 안정적인 결혼 생활을 하는 부부의 경우로 서로 상대방의 점수에 따라 상승하니 감정이 좋다는 것을 의미해. 또 다른 그래프는 남편(H)과 부인(W)의 점수를 각각 x축과 y축으로 해서 결과를 도출했어.”

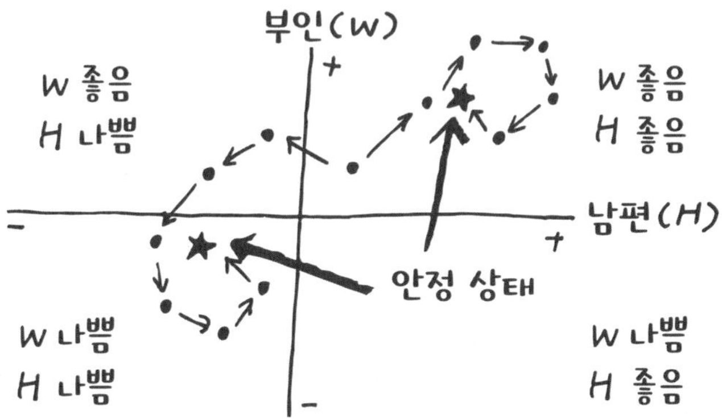

"제1사분면은 양쪽 모두 기분이 좋은 상태이고, 제3사분면은 양쪽 모두 좋지 않다는 뜻이며, 제2, 4사분면은 한쪽은 기분이 좋고 다른 한쪽은 기분이 좋지 않다는 걸 의미해. 그리고 제1사분면에서 시작해. 왼쪽으로 또는 오른쪽으로 가면 두 가지 수렴 상황이 나타나지. 오른쪽으로 가면 상호작용이 점점 좋아진다는 것을 나타내며, 마지막으로 시작점 오른쪽 위의 별표로 돌아가면 대화 중에 쌍방이 모두 더 즐거워지지. 하지만 왼쪽으로 가면 남편이 먼저 기쁘지 않고 아내가 영향을 받아서 즐겁지 않게 된다는 뜻이야. 그 후 두 사람은 크게 다투고, 조금 냉정해지면 왼쪽 하단의 별표로 수렴하는 데 쌍방이 모두 기분이 좋지 않게 되는 결과를 초래해."

"부부가 서로 영향을 주는 정도를 계량화할 수 있을까요?" 연준이 묻자 성찬이 칠판에 두 개의 식을 썼다.

$$W_{t+1} = a + r_1 W_t + I_{HW}(H_t)$$
$$H_{t+1} = b + r_2 W_t + I_{WH}(W_t)$$

"가능해. 심리학자들은 점화식을 사용해서 부부 감정의 상호 영향을 시뮬레이션했어. t는 시간, H_t와 W_t는 남편과 아내가 시간 t에서 느끼는 감정 수치를 나타내. (a, b)는 아내와 남편의 감정 초깃값, (r_1, r_2)는 이전 순간의 감정이 이 순간까지 누적된 계수로 높을수록 상대방이 자신에게 잘해준 것을 기억하기 쉽고 이전의 좋지 못한 것도 기억하기 쉽다는 것을 의미해."

"여자의 입장에서 보면 과거를 회상하는 것과 과거를 따지는 계수는 달라요." 유아가 말했다.

"$I_{HW}(H_t)$는 지금 아내가 남편의 이전 순간 반응에 영향을 받는다는 영향방정식을 나타내는데 역설적이게도 $I_{WH}(W_t)$는 아내의 이전 순간의 반응, 그 순간에 남편에게 미치는 영향이야. 내가 단체톡 방에 그림을 하나 올렸는데 같이 볼까? 이것은 어떤 아내의 영향 방정식으로 x축은 남편의 정서적 변화, y축은 아내가 받는 정서적 영향을 나타내지."

"이 그래프에서는 일정 범위 내에서 아내의 정서 변화가 남편의 정서 변화에 비례해. 하지만 한 가지 한계를 넘어서면 곧 남편과 엇박자를 내기 시작해."

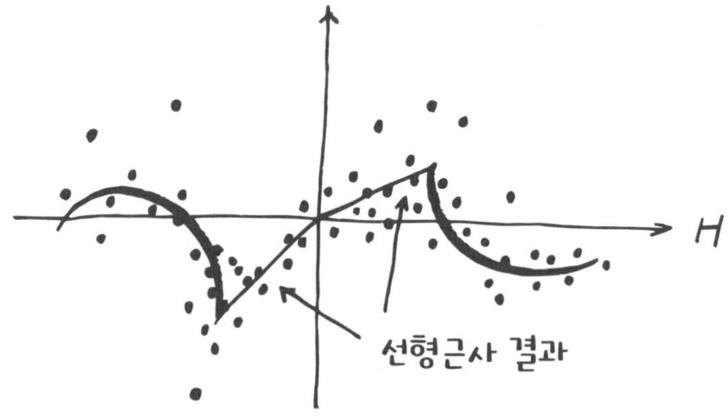

"우리 부모님도 거의 그래." 은석이 고개를 끄덕이며 말했다.

"제임스 머레이는 영향 방정식이 선형으로 근사될 것이라고 생각했어. 지난번에 내가 가르쳐 준 선형 보간법과 약간 비슷해." 성찬이 엉겁결에 유아와의 비밀을 발설해 버렸다. 순간 유아가 한발 앞서 상황을 무마했다.

"쌤, 전에 선형 보간법은 안 가르쳐주신 거 같은데요." 유아의 말뜻을 눈치챈 성찬은 급하게 화제를 돌렸다.

"아, 그런가? 내가 헷갈렸군. 암튼 그래프에서 남편이 화가 났을 때 아내의 감정 변화는 기울기가 1보다 큰 선형 근사의 결과로 아내가 더 흥분하고 남편보다 더 화가 났음을 나타내지." 성찬은 단톡방에 이 연구에 대한 사이트 주소를 올리며 말을 이었다.

"제임스 머레이 교수는 여러 가지 다른 유형의 영향 방정식을 정리해서 서로 다른 인격을 표현했어. 마치 낭만적이고 열정적이며 드라마틱하지만 늘 불안정한 부부로, 영화 〈스미스 부부〉의 주인공과 같아." 수안은 영어 웹사이트 내용을 번역해서 읽었다.

"도피형의 특징은 감정이 좋을 때 기꺼이 공유하고 의견이 맞지 않을 때 분쟁을 피하는 것이다. 불안정한 결혼의 가장 큰 원인은 부부의 영향 방정식 상호 배척으로, 비유하자면 아내는 다투는 것을 싫어하는 도피형이지만, 남편은 이성형으로 아내와 의사소통을 하려고 한다. 또는 아내는 열정적이고 불안정형이지만 남편이 이성적이면 로맨틱한 아내의 실망이 커져 감정이 나빠진다."

내 말 좀 들어줄래!

통계

'확률'과 '통계'는 종종 동시에 언급된다. 교과서에서 가장 자주 드는 예로, '한 바구니에 빨간 공과 흰 공이 있다'로 시작해서 빨간 공이 몇 개 있는지, 흰 공이 몇 개 있는지 알려준 후, 빨간 공 두 개가 연속으로 뽑힐 확률을 시험하는 것은 확률의 문제이다.
거꾸로 말하면, 바구니에 붉은 공이 몇 개인지, 흰 공이 몇 개인지 모를 때, 공을 몇 번 뽑아 흰 공과 붉은 공의 비율을 추측할 수 있는데, 이것은 통계적인 문제이다.

14

너를 사랑하는 내 마음은 100 데시벨

"처음보다 3데시벨이 더 좋아졌어."

"어? 3데시벨은 두 배라는 뜻인데, 데시벨은 두 수의 상대적 관계를 나타내는 단위로 로그(log)로 표현하지."

"쌤, 지난주에 상대방이 수학 이야기를 하면 10점 감점된다고 했던 거 기억하시죠?"

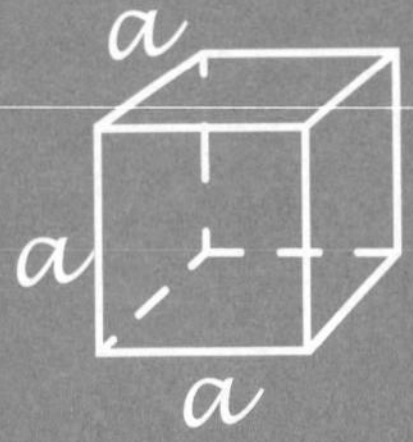

정말 큰일이다.
시험은 다가오는데 너희들은 여전히 수학 수업을 싫어하고….
쌤을 겨냥하는 게 아니에요. 수학 수업은 너무 지루해요.
저희는 하루 종일 수업을 듣느라 매우 피곤하다고요. 류는 같은 장소에서 은 일을 지속적으로 수 없기 때문에….
원시인의 생활이 너무 규칙적이면 사자와 호랑이의 눈에 띄어 쉽게 잡아먹힌다고요.
너희들이 무슨 규칙이 있어… 나야말로 학교에 먹힐 거 같아.
쌤, 왜 이렇게 긴장하세요?
쌤이 지금 얼마나 긴장하고 있는지 설명해주세요.
제가 정한에게 고백할 때만큼 긴장되세요?
진화는 무슨?
이건 선천적으로 진화한 결과라고요.
쳇, 결국 자신을 위해서라니.

“어휴, 진짜 큰일이다. 너희들은 여전히 수학에 흥미를 못 느끼는데 시험은 다가오고….”

성찬은 녹다운된 권투 선수처럼 풀이 죽어 있었다. 다가오는 기말 시험이 부담스럽기만 했다. 학생의 성적과 쌤의 업적 사이에는 등호가 찍힌다. 만약 시험 결과가 만족스럽지 못하면 성찬은 정말로 KO를 당할 것이다. 선생님의 한숨에 은석이 투정 부리듯 이야기를 했다.

“쌤을 겨냥하는 게 아니에요. 수학 수업은 진짜 지루하거든요. 게다가, 저희는 온종일 정규 수업을 받느라 몸도 피곤해요. ‘인간은 동일한 장소에서 동일한 일을 지속적으로 할 수 없다’, 이건 선천적으로 진화한 결과라고요. 그리고 쌤, 너무 걱정하지 마세요. 연준이는 시험에서 만점을 받을 거예요. 필요하다면 제가 연준이 답안지를 컨닝할게요. 그러면 만점이 두 명이나 되잖아요.” 은석은 손가락 두 개를 활짝 펴면서 능글맞게 웃었다.

은석의 말대로 연준의 만점은 문제가 없다. 하지만 유아와 은석은 겨우 커트라인을 넘을 것이다. 수안과 정한 두 사람을 합쳐도 60점이 안 될 것 같다. 수안은 자신이 폐를 끼친다는 것을 알고 미리 죄송하다며 서둘러 사과했다.

“괜찮아. 미안해할 필요 없어. 내 일은 나 스스로 긴장하면서 처리할게.” 은석은 ‘긴장된다’는 단어가 귀에 익다며 중얼거리다가 갑자기 무언가 생각이 났는지 고함을 질러 주위 사람들의 이목을 집중시켰다.

은석은 “좋아하는 사람 앞에서도 ‘긴장된다’라고 할 수 있죠? 쌤이 지금 얼마나 긴장하고 있는지 수학적으로 설명해 주세요. 제가 참고하게요.”라고 말했다.

성찬은 언짢은 마음에 얼굴을 찡그리다 〈수학에게 하고 싶은 말〉에 대한 은석의 대답이 생각났다.

수학, 부탁인데 내가 사람들의 생각을 더 잘 이해하게 해줘!

은석이 수학에게 한 말이라기보다 소원 같다는 생각이 들었다. 이왕이면 수학의 신이 그의 소원을 들어주도록 하자는 결심을 했다.

“그럼 내 말을 듣고 난 뒤에는 수업에 집중해야 한다!”

※

“얼마나 좋아하고 긴장했는지 답하기 전에 감정을 계량화할 방법을 찾아야 해.”

“지난번 결혼 방정식처럼요?” 성찬은 연준에게 고개를 끄덕였다.

“사물을 계량화하려면 먼저 기준점을 찾아야 하지. 가장 흔한 ‘길이’를 예로 들면, 미터가 길이의 기준이야. 수안은 미터의 정의를 알까?”

수안은 잠시 생각하다가 “처음에는 자오선 길이의 천만분의 일, 이

후 섭씨 0도에서 Mètredes des Archives의 두 눈금 거리를 1m로 정의했어요.”

“Me 뭐?”

“Mètredes des Archives, 메트르 데 자르시브.”

“너는 정말 별의별 걸 다 다 알고 있구나, 정말 존경스러워!” 은석은 자신이 지금 수안의 기분을 상하게 하고 있다는 것을 전혀 의식하지 못했다. 그녀는 착잡한 표정을 지으며 계속 말했다.

“지금은 빛의 속도로 정의하고 있어요.”

“맞아, 빛이 $\frac{1}{299792458}$초의 거리를 걸으면 1m야. 그런데 사실 길이를 말할 때 미터를 꼭 써야 하는 건 아니야. 핸드폰 한 대를 기준으로 해도 되지.” 성찬이 부연 설명을 했다. 은석은 “한 대의 핸드폰은 약 12.5cm, 그래서 제 키는 14.4대의 핸드폰이라고 할 수 있어요.”라고 말했다. 그러자 “너의 키는 적도에서 북극까지의 거리의 천만분의 1.8, 혹은 6나노초 거리를 걷는다고도 할 수 있어. 은석 네가 머리를 숙이고 보는 너의 발은 6나노초 전의 발이라고.” 연준은 과장된 말투로 설명했다.

“미터를 쓰는 것은 원래 긴 자오선이나 빛의 속도에 관한 것 즉, 상상할 수 없는 길이를 생략해서 말하기 위해서야. 기준이 있으면 ‘맵다’고 말하는 사람의 각기 다른 느낌까지 계량화할 수 있어. 피망은 0~5도, 일반 고추는 약 10,000도, 타바스코[Tabasco]는 2,500~5,000도라고 표기하는 것처럼." 성찬의 친절한 설명이 이어졌다.

"정말요? 어떻게 계산해요?" 유아가 흥미를 보였다.

"매운맛의 기준은 음식에서 캡사이신 1단위를 추출해서 희석한 뒤 맛을 보는 거지. 이 과정에서 발생하는 액체 손실을 고려하지 않고 피험자가 '매운 것'을 느끼지 못할 때 희석액과 원래 고추장의 비율, 즉 정량화된 '매운 정도'를 측정하는 거야."

"그럼, 음료수의 당도도 이렇게 계량화할 수 있나요?"

"그럼, 당도의 기준점인 브릭스brix는 당 1g을 물 100g에 녹인 당도야."

"아하! 이제 음료수를 주문할 때, 설탕 '많이' 또는 '적게'라고 말할 필요 없이 10브릭스라고 완전 전문가처럼 말하면 되겠네."라고 은석이 말했다. 연준은 칠판에 쓰인 데이터를 보다가 "피망은 2~3도인데 타바스코는 5,000도까지 껑충 뛸 정도니 매운 정도의 차이가 엄청 크네요."라며 놀라워했다.

아이들이 관심을 보이자 신이 난 성찬은 더 자세히 설명하기 시작했다.

"이보다 더한 것도 있어. 트리니다드 스콜피온 부치T 고추는 매운맛이 150만에 육박하지. 그런데 계량화할 때는 종종 사물 간의 차이가 이렇게 너무 크다는 문제가 발생해. 이 경우 절대적인 기준점보다는 상대적인 개념을 사용하는 것이 좋아. 마치 언론이 어떤 사람이 1

년 동안 먹는 패스트푸드 박스를 얼마나 높이 쌓을 수 있는지를 보통 몇 미터라고 표현하지 않는 것과 같지. 그래서 우리도 매운맛을 두 가지 제품을 기준점으로 표현할 수 있어. 트리니다드 스콜피온 부치T 고추는 일반 고추의 150배, 일반 고추는 타바스코의 2배, 타바스코는 피망의 2,500배처럼 말이야. 장점은 양적 배수가 비교적 작고 상상하기 편하다는 것이지."

"그런데 트리니다드 스콜피온 부치T 고추가 타바스코의 몇 배인지 알고 싶으면 더하기 빼기보다 더 귀찮은 곱셈을 해야 하네요." 은석이 중얼거렸다.

"응. 그래서 데시벨(dB)이라는 단위가 생겨서 계산을 간단하게 해주지."

"소음의 그 데시벨이요?" 성찬은 은석의 질문에 고개를 끄덕이며 칠판에 식을 썼다.

$$x\,dB = 10\log_{10}\frac{A_1}{A_2}$$

"주어진 기준점은 A_2, A_1이며 xdB로 계량화할 수 있어. 데시벨 환산에서는 트리니다드 스콜피온 부치T 고추가 일반 고추보다 21.8dB, 일반 고추가 타바스코보다 3dB 더 맵다면 트리니다드 스콜피온 부치

T 고추는 타바스코보다 24.8dB 더 맵지. 보다시피 데시벨은 원래 곱셈 연산으로 150×2=300의 배수 문제를 기존의 선형 눈금과 같이 가감법으로 21.8+3= 24.8로 해결할 수 있어."

"어떻게요? 아, 로그의 곱셈과 관련이 있어요?"라고 은석이 스스로 묻고 답했다.

"정확해!" 성찬은 뿌듯함을 느끼며 교과서 수업과 연관된 내용을 슬쩍 덧붙였다.

"10배 차이면 정확히 $10\times\log_{10}10=10$데시벨, 100배 차이면 $10\times\log_{10}100=20$데시벨, '10배 차이'나는 두 개를 데시벨로 환산한 합이야. 소음도 마찬가지인데, 가령 서점, 교실, 도로의 소음이 각각 50, 60, 70데시벨이면, 우리는 교실의 소음이 서점의 10배이고, 도로가 교실보다 10배 더 시끄럽고, 도로가 총 100배 더 시끄럽다는 것을 알 수 있지."

"그렇군요. 상대적인 기준이 관건인데 데시벨을 맞추면 얼마나 긴장했는지 대답할 수 있겠어요." 은석은 이제야 이해가 된다는 듯 고개를 크게 주억거렸다.

"친구의 감정을 기준점으로 삼는다면 나는 수안의 감정과 비교해 -20dB가 될 수 있어." 유아는 의기양양한 표정을 지었다. 그때 조용히 침묵으로 일관하던 정한이 입을 열었다.

"현재 관계를 기준점으로 '미래의 관계'를 계량화하면? 지금 기준점에서 우리가 계속 이렇게 지내다 보면 아마 이틀마다 내가 너를 3dB 더 좋아하게 될 거야.”

“역시 고수다! 게다가 상대방이 dB가 뭔지 모르면 그 틈을 타서 화제를 돌릴 수도 있어.”라며 은석이 감탄한 듯 말했다. 이후 그는 한참 동안 고개를 숙이고 계산하다가 자신 있게 고개를 들었다.

“만약 이렇게 말한다면, ‘일주일 후, 내가 너를 좋아하는 정도는 오늘과 비교했을 때 트리니다드 스콜피온 부치T 고추와 일반 고추의 매운 정도 차이와 같다.’ 괜찮죠, 유머러스하고 재미있잖아요. 결혼 방정식에 따르면 유머로 4점은 딸 수 있어.” 은석의 논리에 수안은 한껏 고개를 들고 따지듯이 물었다.

“그럼 내가 얼마나 특별한지 수치로 이야기해 봐.” 그러자 은석은 웃으며 답했다.

“야, 너는 수치화할 수 없을 정도로 특별해. 국어, 영어, 역사 지리의 슈퍼우먼이야. 전교에서 가장 특별한 여학생이지.” 수안의 얼굴이 갑자기 다른 사람들보다 20dB로 붉어졌다.

내 말 좀 들어줄래!

지수와 로그

7×7=49, 7×7×7=343, 7×7×7×7=2401…와 같이 자신의 상황을 처리해야 할 때가 있다. 우변의 값을 계산하는 것보다 좌변이 더 규칙적으로 보이지 않는가? 따라서 수학에서는 $7^3=7\times7\times7$, $7^4=7\times7\times7\times7$로 지수표현을 발명했다.

로그는 지수의 또 다른 표현으로, 두 수 x, y의 관계가 $x=10^y$일 때 $y=log_{10}x$로 나타낼 수 있다. 예를 들어, $log_{10}100=2$는 '100은 10의 제곱'이라는 뜻이다. $log_{10}2 \fallingdotseq 0.3010$은 10의 0.3010제곱이 약 2와 같다는 의미로 해석할 수 있다. 로그의 장점은 작은 수로 큰 수를 나타낼 수 있으며 계산을 단순화할 수 있다는 것이다. 예를 들어, 두 수 A와 B에 로그를 취한 후, 더한 결과는 두 수를 먼저 곱한 결과에 로그를 취한 것과 같다.

$$log_{10}x+log_{10}y=log_{10}xy$$

예를 들어, $x=100=10^2$, $y=10=10^1$이라고 하면 $xy=1000=10^3=10^{1+2}$를 얻을 수 있다. xy에 $\log_{10}$를 취하면 $log_{10}xy=log_{10}1000=log_{10}10^{1+2}=1+2=log_{10}10^1+log_{10}10^2=log_{10}x+log_{10}y$를 얻을 수 있다. 이것이 바로 은석이 말한 '로그의 곱셈 규칙'이다.

15

모두의 만족을 위한 케이크 나누기

"공평하게 나눠야지, N명이라고 1/N을 하면 되는 게 아니라, 모두가 자신의 것이 적어도 1/N보다 더 많고, 다른 사람들은 1/N보다 적다고 느끼게 하는 거라고. 전자는 자신이 가진 것에 만족하는 것이고, 후자는 다른 사람이 가진 것을 질투하지 않는 것이야."
"사람 마음은 참 복잡해."
"그래도 수학에 비하면 좀 쉬워."

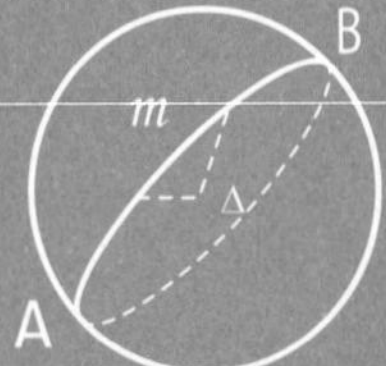

Happy Anniversary!!
와!
이건 날 위해 준비한 서프라이즈야?
아니, 내가 아니라~
사귄 지 5주년 기념!
정한이 선물을 준비하는 걸 보고 우리가 몰래 준비했어.
이렇게 좋은 날 같이 축하해야지.
케이크는 쌤이 고르신 거야.
쌤이 고르셨어요?
뭔가 느낌이 안 좋아.
역시나~
84
220

오늘은 유아와 정한의 기념일이다. 유아와 정한이 보충반에 도착하자 교실 한가운데에 케이크가 놓여 있는 것이 보였다. 유아가 감탄하며 "정한아, 넌 정말 낭만적이야."라고 말하자, 정한은 "내가 준비한 게 아닌데…."라며 머쓱해했다.

순간, 갑자기 커튼 뒤쪽에서 "기념일 축하해!"라고 외치며 친구들이 뛰쳐나왔다. 그러는 사이 성찬은 멋쩍게 머리를 긁적이며 교탁 뒤에 숨겨둔 몸을 서서히 일으켰다.

"와~ 정말 감동이야." 유아는 눈물까지 글썽이며 말했다. 연준이 "케이크는 쌤이 고르셨어."라고 말하자 유아는 살짝 찡그린 얼굴을 보였다. "음, 그렇다면 느낌이 안 좋은데, 아앗, 역시." 케이크를 본 유아는 비명을 질렀다. 둥근 모양의 케이크 위에는 초콜릿으로 그려진 다양한 수학기호가 포진해 있다. 허수 i, 원주율 π, 자연상수 e 등등. 가운데에는 비스킷으로 만든 두 개의 세 자리 숫자 284와 220이 보인다.

"그런데 이 두 수는 뭐예요? 아, 그냥 여쭤본 거니 너무 열심히 설명하진 마세요." 은석의 뒷말을 못 들은 성찬은 이미 설명을 시작했다.

"284는 (1, 2, 4, 71, 142)로 나누어 떨어지고 $1+2+4+71+142=220$. 마찬가지로 220은 (1, 2, 4, 5, 10, 11, 20, 22, 44, 55, 110)으로 나누어 떨어지고, $1+2+4+5+10+11+20+22+44+55+110=284$이지. 이 두 수는 서로의 약수를 더한 것과 같아. 고대 그리스에서는 가장 완벽

한 감정을 상징했어."

"오! 수학에 이렇게 낭만적인 면이 있는 줄 몰랐어요." 은석이 쌤의 어깨를 툭툭 쳤다.

"이것은 친화수라고 부르는데, 피타고라스가 발명한 것이지. 바로 직각삼각형으로 유명한 피타고라스 정리의 그 인물이지. 그는 이 친화수에 대해…."

"감사해요. 쌤! 쌤은 '적당히'가 없어요." 유아가 케이크 자르는 칼을 연준에게 건네주며 성찬의 말을 끊었다. 은석은 테이블을 치며 연준을 재촉했다. "여섯 등분은 어떻게 하는 건지 수학 제일 잘하는 사람이 보여줘."

"원의 중심각이 360°이니까 60°로 나누면 균등하게 나눌 수 있어." 라고 연준이 대답하자, 은석이 깊은 생각에 잠기며 물었다. "그런데 60°를 어떻게 재지?" 이에 연준은 별것 아니라는 듯이 설명했다.

"간단해. 먼저 반지름 길이를 재서 케이크 가장자리 어떤 부분부터 시작해서 반지름과 길이가 같은 부분에 표시를 해. 이렇게 하면 선분의 시작점, 끝점과 원의 중심을 이은 삼각형의 세 변은 모두 길이가 같은 정삼각형으로 두 반지름 사이의 끼인각은 60°가 돼."

"오~ 대단해!" 다들 존경의 눈빛을 건네자 성찬도 고개를 끄덕이며 덧붙였다.

"방법은 괜찮지만, 사실은 그렇게 정확하지 않아도 공평하게 할 수 있어."

"정확하지 않은데 공평하다고요?"

"공평은 주관적이어서 당사자가 공평하다고 느끼면 되는 거야. 반대로 말하면 당사자가 만족하지 않으면 각도로 재는 것도 소용없지. 가장 간단한 예로 은석이와 연준이가 케이크를 나눌 경우, 가장 공평한 방법은 은석이 케이크를 자른 후 연준이 먼저 원하는 것을 고르는 것이야."

뭐가 이렇게 간단하냐며 수군거리는 것도 잠시, 성찬은 이야기를 이어나갔다.

"이 논리적 사고에는 상당히 중요한 수학 개념인 최대, 최솟값 max·min이 숨어있어. 은석이는 자신이 반드시 더 작은 것을 얻을 것을 알고 있기 때문에 가능한 한 최솟값을 크게 해야 해. 최솟값을 최대화하는 것은 많은 분배 문제에서 자주 나타나는데, 예를 들면 재해 가구의 자원 배분… 아!" 성찬은 조금 전 유아가 말한 '적당히'가 떠올라 얼른 입을 다물었다. 유아는 흐뭇해하며 "쌤은 역시 눈치가 빠르셔서 좋아요. 그럼 우리 여섯 명은 어떻게 나눠야 하나요?"라고 물었다.

"여섯 명은 너무 복잡해. 그럼 차라리 이렇게 하자. 먼저 우리를 세 조로 나누어 케이크를 세 등분으로 나누자. 그 후, 각 그룹은 다시 은석이의 방법으로 이등분하는 거지. 유아와 정한이가 한 팀, 나와 연준, 수안과 은석이 한 팀." 그러자 연준이 말했다.

“세 명이 한 팀으로 좀 전에 나눈 두 조각을 세 조각으로 나누면 안 되나요? 은석 팀에게 먼저 한 번 자르라고 한 다음, 우리나 정한 팀에서 누군가가 한 조각을 자르라고 외치는 팀이 그 한 조각을 가지고 나머지를 다시 두 개로 나누는 거죠?” 성찬은 연준의 능력에 놀라워했다. 그는 지식을 흡수하는 속도가 빠를 뿐만 아니라 즉시 업그레이드할 수 있었다.

“그래, 그 방법은 거의 완벽에 가까워. 각 팀은 자신이 적어도 $\frac{1}{3}$을 받을 수 있다고 생각해.” 연준은 성찬의 ‘가깝다’는 말에 눈살을 찌푸렸다.

“어떤 사람은 다른 팀이 $\frac{1}{3}$ 이상을 가져갔다고 의심할 수도 있어. 예를 들어, 케이크를 가장 먼저 가져간 사람이 나와 연준 팀이라면 우리가 멈추라고 외쳤기 때문에 우리가 적어도 $\frac{1}{3}$을 얻었다고 생각해. 은석이가 케이크를 나눌 때, 우리가 잘못하면 그가 균등하지 않게 잘라서 정한이와 유아가 아주 큰 것을 고르게 되었다고 생각할 수 있어.”

“내 몫에 만족하면서도 남의 몫에 질투하지 않으려면 먼저 삼등분을 해야 해.” 성찬은 칼을 수안에게 건네주었고 유아는 농담으로 성찬의 말을 이었다.

“수안에게 자르라고 한 것은, 누군가가 불공평하다는 말도 꺼내게 하려는 거 아니에요?” 이 말을 듣자 수안은 머뭇거리며 감히 칼을 선

뜻 받지 못했다.

"제가 할게요." 은석이 손을 뻗자, "영웅이 미인을 구하죠." 유아가 흥분하며 말했다.

케이크를 다 자른 후, 성찬은 칼을 유아에게 주었다.

"이제 유아는 네가 가장 크다고 생각하는 한 조각을 골라서 작은 조각으로 잘라. 그것이 두 번째 크기의 조각만큼 되도록 잘라야 해."

"가장 큰 것은 있을 수 없어. 난 잘 자르니까 세 조각은 다 같다고. 그렇지, 수안아?"

유아는 한 조각을 작게 잘라 큰 3조각과 작은 1조각을 만들었다.

"자, 이제 연준 대표님, 일단 한 조각 고르시죠." 연준이 하나 고른 후, 성찬은 이어서 정한에게 선택하라고 했다. 그들이 고른 후, 남은 한 조각은 바로 은석과 수안 팀의 것이다.

"이제 케이크를 나눠주는 것은 은석과 수안 팀이기 때문에 어느 쪽을 골라도 만족스러울 거야. 우리는 첫 번째 선택에 상당히 만족해. 정한이와 유아도."

"세 조각이 같은 크기인데도 더 잘랐기 때문에 가장 작은 조각으로 나누어졌어." 은석은 유아의 케이크를 가리켰다. 그러자 유아는 "분명히 네가 잘 못 나눠서 내가 제일 큰 조각을 두 번째 조각만큼 자른 거야. 알겠어. 우리에겐 두 번째 조각만큼 큰 케이크를 자를 권한이 있기 때문에 첫 번째로 연준이 어떻게 선택하든 두 번째로 선택하는 우리는 언제나 자신의 선택에 만족한다는 거야." 성찬은 고개를 끄덕였다. 정한은 "그런데 남은 한 조각은 어떻게 해요? 방금 했던 절차를 반복하나요?"라고 물었다.

"그래, 하지만 이렇게 자르면 케이크가 많이 부서져. 비교적 좋은 방법은 우리 팀이 이 작은 조각을 다시 삼등분 하도록 하는 것이지."

성찬은 칼을 연준에게 건넸고, 그는 그 작은 케이크를 다시 삼등분 했다.

"정한이가 먼저 골라, 네가 먼저 고르니 반드시 그 선택이 마음에 들 거야." 정한은 하나를 골라 자기 앞에 놓았다.

"이제 수안이가 고르면 돼."

"이러면 수안과 은석 팀은 정한과 유아 팀이 좀 유리하다고 생각하지 않을까?"라고 연준이 묻자 은석은 의기양양하게 대답했다.

"전혀 그렇지 않아. 난 방금 삼등분했어. 지금은 어느 쪽을 택해도 유아보다 좋아. 우리가 너네보다 먼저 선택해서 너네보다 좋아." 은석이 이렇게 말하자, 연준이 말했다.

"그래서 은석이도 질투하지 않고, 차례가 오면 자기가 나누기 때문에 자기가 나눈 것을 믿고, 마지막에 선택해도 한 팀이 딱 $\frac{1}{3}$을 받는다고 생각하는구나."

"맞아, 이 방법을 '셀프리지-콘웨이Selfridge-Conway, 질투 없는 분배법'

이라고 하는데 정말 공평하게 세 개로 나누는 방법이야."

케이크를 다 나눈 후, 각 팀은 공평하게 두 개로 나누고, 한 명씩 자르고 한 명씩 선택해서 각자의 몫을 만족하며 받았다. 그렇게 모두가 케이크를 맛있게 먹을 수 있었다.

성찬은 케이크를 먹으면서 좀 불안했다. 사실 여섯 명을 등분하는 것을 "선 삼등분, 후 이등분"으로 바꾸면 팀 사이에 질투하는 사람이 있을 수 있다. 예를 들어, 유아는 은석과 연준의 사이가 좋은 것을 질투해 일부러 큰 덩어리를 잘라 연준에게 주었다고 생각할 수 있다. 다행히 이 허점을 발견했을 가능성이 가장 높은 사람은 연준이였지만, 지금 그는 열심히 케이크를 먹고 있을 뿐이다.

알고리즘

"마트에 가서 간장 한 병 사다 줘." 우리는 엄마의 심부름 요구에 이러쿵저러쿵 핑계를 대거나, 제멋대로 거스름돈으로 아이스크림을 사 먹을 수도 있지만, 대체로 순조롭게 임무를 완수한다. 하지만 만약 로봇에게 심부름을 시킨다면, 이렇게 간단하지 않을 것이다.

"문을 열고 198개의 계단을 내려가서 우회전, 200m 직진한 후 좌회전해 300m 직진하면 건물이 하나 보여, 잠깐만 마트 사진 영상 데이터베이스에 입력해서…."

컴퓨터의 명령 입력은 사람보다 훨씬 빠르지만, '이해'라는 측면에선 사람의 뇌는 여전히 컴퓨터보다 훨씬 낫다. 따라서 컴퓨터에게 명령을 내릴 때 우리는 엄격하고 논리적인 표현을 사용해야 실행된다.

이런 표현이 이른바 '알고리즘'이다. 알고리즘의 설계는 매우 어려우며, 본문의 케이크를 예로 들면 알고리즘을 사용할 수 있을 것 같지만 실제로는 목표에 도달할 수 없다. 일부 알고리즘은 비록 임무를 완성할 수 있지만, 매우 비효율적이다. 유용하고 효율적인 일련의 알고리즘을 설계하는 방법은 컴퓨터 과학에서 매우 중요한 영역이다.

16

아슬아슬한 분노의 마지노선

상황 1. 친구가 농담을 한 후, 몇 초가 지나서 웃었다.

상황 2. 친구가 농담을 한 후, 웃지 않았다.

상황 3. 친구가 농담을 한 후, 웃기지 않는다고 말했다.

위의 어떤 상황이 친구의 마음을 상하게 할까?

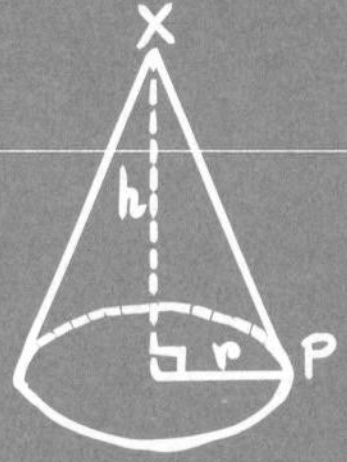

쌤,
수학이 드리블 연습과 비슷하다는 걸 알았어요.
드리블?
드리블, 패스, 슛. 방정식을 풀고 각도를 구하고 최대치를 계산하며, 교과서는 모두 기본 동작을 말하고 있어요.
중요하지 않다는 게 아니고, 다만 매우 지루하다는 거죠.
일리가 있어.
난 수학을 잘하지만, 수업은 너무 지루해.
다른 사람은 맞장구칠 자격이 없지?
이렇게 비유하면 시험은 시합이니, 훨씬 재미있지?
그건 기본 동작을 테스트하는 거야.
수업 시간에는 머리가 돌처럼 굳는다니까요.
고 작은 시험은 사실 속도를 스트하는 거야.
유가 있을수록 점수가 높아지지. 험은 신경 반사로 문제를 신속하게 해결할 수 있는지가 관건, 사실 게임을 하는 것과 같아.
그러고 보니 정규 수업에서는 시합처럼 학생들이 수학 실력을 마음껏 발휘할 수 있는 기회가 없는데….
쌤, 수안이 이렇게 말해요.
만약 좋아하는 친구의 마음을 테스트하고 싶다면, 쌤은 할 수 있어요?

성찬은 최근 부쩍 은석이 수업 시간에 손을 자주 드는 상황이 많아지는 것을 보자 마침내 열심히 공부하는 학생이 되었다는 생각에 감동을 받았다. 은석이 손을 든다는 것은 질문을 할 거리가 많다는 뜻이기 때문이다. 은석은 오늘도 열심히 손을 들어 질문을 한다.

"쌤, 교과서에 나오는 수학이 드리블 연습과 비슷하다는 거 아세요?"

"드리블?" 은석은 드리블하는 시늉을 했다.

"드리블, 패스, 슛. 방정식을 풀고 각도를 구하고 최대치를 계산하는 건 모두 이런 기본 동작을 말하는 것과 같아요. 기본 동작이 중요하지 않다고 말하는 게 아니라 기본 동작을 연습하는 게 매우 지루하다는 거죠."

연준이 맞장구를 치며 "일리가 있어. 나처럼 기본 동작을 잘해도 수업은 사실 재미가 없어."라고 말했다. 연준의 말에 다들 고개를 끄덕였다.

성찬은 '너희들은 왜 끄덕거리냐? 너희는 기본적으로 연준과 레벨이 다르잖아.'라고 생각했지만 이내 아이들의 집중하는 모습에 아빠 미소가 지어졌다. 그리고 곧바로 이렇게 반격했다.

"이렇게 비유하면 시험은 시합이니 훨씬 재미있겠지?" 은석이 재빨리 대답했다.

"그건, 기본 동작 테스트죠."

수안은 은석의 말에 호응하며 이렇게 말했다.

"어떤 소설에서 이런 표현을 봤어요."

"학교 시험과 같은 크고 작은 시험은 사실 모두 속도를 시험하는 것이다. 다시 말해, 시험은 신경 반사로 신속하게 해결할 수 있는 문제가 많은지 적은지 테스트하는 것인데, 사실은 비디오 게임을 하는 것과 같다."

성찬은 수안의 말에 잠시 생각에 잠겼다. 확실히 학교의 수학 수업은 학생들에게 각종 수학 기교를 가르치는 데 중점을 두고 있다. 시험은 숙련도를 검증하는 것이다. 그는 은석의 논점에 동의했다. 정규 수업에서는 시합과 같이 학생들이 수학 기교를 마음껏 발휘할 기회가 없다.

성찬이 침묵하자 연준은 쌤이 당황했다고 생각했다. 연준은 수업 중에 쌤을 관찰하는 것을 좋아하는데, 그는 '강의의 명료성'과 '학생들의 흥미를 끄는 것'은 별개라고 생각했다. 전자는 좋은 교수법을 필요로 하고, 후자는 지식에 대한 사랑이 필요하다. 진심으로 수학을 좋아하는 쌤은 비록 가르치는 기술은 없지만 생활 속 수학을 이야기할 때는 학생들을 끌어당기는 힘이 있다.

"쌤이 잠시 의욕을 잃으셨으니 연준이가 수업을 진행하고 시험 비법도 알려줘." 은석의 외침에 아이들이 일제히 소리쳤다.

“좋아, 좋아! 연준아, 앞으로 나와.” 이에 연준은 의미심장한 이야기를 던졌다.

“나는 평소에는 시험을 시험이라고 생각하지 않고 대화라고 생각해.”

“대화?”

“응, 수험생과 출제교사의 대화. 쌤이 이 문제를 낸 것은 어떤 개념을 시험하고 어떻게 해결하는지 시험하고 싶기 때문이지. 문제는 사람이 내는 거니까 맥락을 자세히 보면 쌤이 덫을 놓은 것도 알 수 있어. 어떤 문제는 이런 판단으로 답을 찾을 수도 있어.”

“1등은 정말 아무나 하는 게 아니네. 출제자의 의도를 짐작할 수 있다니!”

수안은 ‘상대를 알고 나를 알면 백 번 싸워도 위태롭지 않다, 상대를 알지 못하고 나를 알면 일승일패한다, 상대를 알지 못하고 나도 알지 못하면 매번 싸워도 위태롭다’는 구절을 읊었다.

이때 성찬이 말을 끊었다. “그런 테스트들은 상대방의 마지노선도 시험해 볼 수 있어.”

“네?”

“이제 돌아왔군요.” 연준은 작은 소리로 웃으며 말했다.

“친구가 나를 상대로 ‘그가 참을 수 없는 일’을 100으로 설정했다고 가정하면 마지노선 테스트는 내가 참을 수 없는 정도 X의 값을 찾는 것, 아마도 이런 수학 문제인가요?" 연준은 말을 이었다.

"마지노선을 건드리면 상대방이 화를 내고, 화를 많이 내면 삐지는 테스트죠?" 연준의 말에 성찬은 잠시 고심한 뒤 대답했다.

"응, 맞아. 은석이가 친구의 마지노선을 한 번 건드리는 것을 친구가 허락한다면, 은석이는 순순히 가장 심하지 않은 장난부터 시작해 차례대로 친구의 얼굴이 변할 때까지 수위를 높이다가 뭔가 낌새가 이상하면 은석이는 즉시 사과하고 마음속으로 그다음을 마지노선으로 정하겠지. 만약 이 친구의 참을 수 없는 정도가 99점이라면, 은석은 99번의 테스트를 해야 하는데, 이건 상당히 번거로워."

"저를 예로 드시다니? 좋아요. 계속하세요."라고 말한 은석은 고개를 숙이고 뭔가를 열정적으로 썼다. 유아는 은석의 메모를 훔쳐본 뒤 큰소리로 읽었다.

전화가 몇 번 더 울려야 받았다(1점)
그가 농담을 한 후 몇 초 뒤에 웃었다(2점)
그가 농담을 한 후 웃지 않았다(3점)
그가 농담을 한 후, 그에게 웃기지 않는다고 말했다(4점)

"쌤 말씀이 일리가 있으니 제가 이 100가지 선을 잘 세워야겠어요." 은석이 진지하게 말했다. 성찬은 "만약 이 친구가 비교적 너그러워서 은석이가 두 번 실수하는 것을 허락한다면, 은석이는 수학을 충분히 잘하기만 하면 그의 마지노선이 어디에 있는지 재빨리 알아낼 수 있을 거야."라고 말했다.

"한참을 얘기했는데 결국 수학으로 돌아왔네요." 유아가 입을 삐죽 내밀고 중얼거리자 연준은 "알겠어요. 중간부터 50점인 사건을 골라 테스트하면 돼요."라고 말했다.

"50점인 사건, '영화 보기로 했는데 이유 없이 약속을 어겼다.'"

"50점밖에 안 돼요?" 유아는 깜짝 놀랐다.

성찬과 연준은 계속해서 수학에 대해 토론했다.

"만약 이때 친구가 화를 내지 않으면 75점인 사건을 더…."

"돈을 빌리고 갚지 않는다."

"이건 사형! 수안이는 어떻게 생각해?"

"난, 모르겠어…." 연준은 그들의 대화에 귀를 기울이지 않고 계속했다.

"약속을 어기면 화가 난다는 것은 친구가 용인할 수 있는 정도가 1점에서 50점 사이라는 것을 의미해요. 기회가 한 번밖에 남지 않았기 때문에, 그다음에는 다시 1점으로 돌아가서 천천히 테스트해 볼 수밖에 없죠. 많게는 49+1까지 여러 번 걸려야 그의 마지노선이 어디인지 알 수 있으니, 테스트 횟수를 절반으로 줄일 수 있어요."

"맞아, 하지만 더 빠른 방법이 있어. 먼저 전체 100가지 테스트를

10단계로 나누어 처음 10점부터 시작해."라고 성찬이 덧붙였다.

"그의 앞에서 후라이드 치킨과 콜라를 마시며 '넌 지금 다이어트 중이니 내가 먹을게'라고 말해요."

"친구가 웃으면, 괜찮은 것이니 다시 20점인 장난을 해 보는 거지."

"약속 시간을 1시간이나 늦었는데 친구는 조급해하는 내 모습을 보고도 손을 흔들며 여유 있게 걸어와요." 성찬은 은석을 쳐다보며 어쩌면 이 녀석은 실제로 그런 일을 경험했을지도 모른다고 생각했다.

성찬은 연준에게 다시 천천히 말을 이었다.

"친구가 화나면 11점으로 돌아가서 11점과 19점 사이에 도대체 언제 기분이 상했는지 차근차근 알아봐. 이 경우 그의 마지노선이 99점일 때 가장 많은 에너지를 들여서 테스트해야 하는데, 총 10+9=19회를 해야 그의 마지노선을 알 수 있으니 네가 방금 제시한 방법보다 테스트 횟수를 줄일 수 있어." 연준은 생각에 골몰하느라 혼자만의 세계로 빠져들었다. 그리고 은석은 계속해서 여러 사건을 나열하느라 혼잣말을 중얼거렸다. 얼마 후, 연준은 고개를 들어 눈썹을 치켜올린 또렷한 눈으로 말했다.

"쌤, 더 좋은 방법이 생각났어요."

"오?"

"쌤의 방법은 상대의 마지노선이 10점대일 때 바로 측정할 수 있지만, 상대의 마지노선이 90점대일 때는 많은 시간을 들여야만 측정할 수 있어요. 더 좋은 방법은 테스트 간격을 넓혀 최대 X번까지 걸린다고 가정하고, 1차는 X점부터 테스트하는 거예요. 문제가 생기면 처음부터 다시 해야 하는데 이렇게 되면 모두 $1+X-1=X$의 테스트 횟수를 써야 해요. 1차에 문제가 생기지 않았다면 2차는 $2X$가 아닌 $(2X-1)$부터 시도해요. 이번에 문제가 생겼다면 $(X+1)$부터 $(2X-2)$까지 시도하는데 가장 많게는 $(X-2)$번으로 앞 1번의 테스트까지 합치면 총 횟수는 $X-1$번이에요."

연준은 교탁으로 다가가서 칠판에 X, $X-1$, $X-2$, $X-3$,…을 썼다.

"다시 말해, 테스트 횟수의 간격은 공차가 -1인 등차수열이에요."

하고 싶은 말이 끊임없이 떠오르는 듯 연준은 쉬지 않고 말했다.

"등차수열의 합공식에 따라 $\frac{X(X+1)}{2}$은 100 이상이기 때문에 X의 최솟값은 14가 돼요. 다시 말해 10점씩 10단계로 나누는 것보다 14단계로 나누는 것이 더 좋은 방법인데, 각 단계는 14, 13, 12,… 이런 식으로 줄게 되죠."

"이렇게 되면 가장 많은 테스트 횟수는 14번으로, 이전 19번보다 약 1.36배, 처음에 제가 50이라고 했던 것보다 약 3.57배 빨라져요."

라고 말했다.

성찬은 연준의 기습을 당해내지 못하고 두 번이나 교단에서 바위처럼 굳었다. 그는 연준이 빠른 시일 내에 자신을 능가할 것이라는 것을 알았지만, 그날이 이렇게 빨리 올 줄은 몰랐다.

난 사실 이해가 잘 안 되는데…. 왜 다들 널 이해하지 못하는 걸까. 규칙대로 반복해서 연습만 하면 넌 조금도 어렵지 않은데.

그냥 재미가 없을 뿐.

연준이 성찬에게 제출한 〈수학에게 하고 싶은 말〉이 떠올랐다. 그는 항상 수학이 도전적이지 않다고 생각한다. 그러나 생각해 보면, 은석이 말한 것처럼 시험은 단지 기본 동작을 시험하는 것일 뿐, 현실세계야말로 진정한 수학의 장이다. 많은 일은 표준 답안이 없어서 문제가 어떻게 생겼는지조차 모른다. 어쩌면 '삶'이라는 수학 필드가 생각보다 재미있을지도 모른다. 성찬의 생각이 거기에 미치자 자연스럽게 입꼬리가 올라갔다.

내 말 좀 들어줄래!

수열과 급수

일련의 수를 순서대로 배열한 수를 '수열'이라고 한다. 만약 배열된 수열이 다른 특성을 가지고 있다면 예를 들어, 등차수열·등비수열이라면 이러한 특성을 가지는 간단한 수열을 만들 수 있다. 가령 100개의 숫자로 이루어진 수열을 누구도 외울 수 없다. 그러나 등차수열의 경우 첫 번째 항은 a_1=5, 공차는 d=3인 수열의 193번째 항은 바로 a_{193}=5+3×192=581라고 쉽게 말할 수 있다.

수열의 총합인 급수 계산에서도 다양한 공식이 있다. 즉, 공식은 시험을 위해서 발명된 것이 아니라 사람들이 규칙을 잘 운용해서 문제를 좀 더 쉽게 풀 수 있도록 돕기 위한 것이니 우리는 그것을 어떻게 사용하는 줄만 알면 된다.

17

인생의 가치를 찾을 수 있는 최대 확률 37%

일생을 살면서 모든 일을 경험하는 것은 불가능하다. 또한 인생을 돌이킬 수도 없기 때문에 자신에게 가장 적합한 적성의 직장을 찾는다는 건 어려울 것이다. 하지만 수학적으로 분석된 규칙을 잘 따르기만 하면 적성을 찾고 가치 있는 일을 할 확률을 극대화할 수 있다.

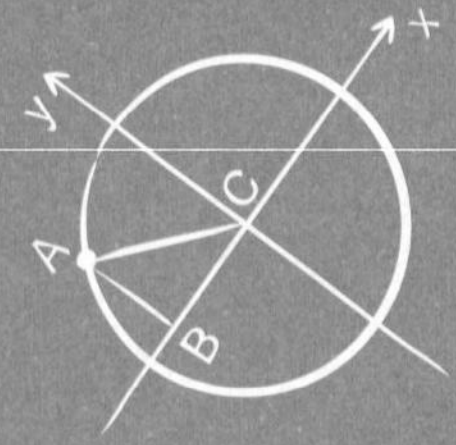

수안, 수학과 관련된 공부를 할 생각은 없어?
죄송하지만 제가 하고 싶은 공부는 대부분….
괜찮아. 사과할 필요 없어. 내가 수학도 아니고.
쌤은 수학의 대변자 아니신가요?
전 쌤에게서 수학을 빼면 시체라고 생각했어요..
아마도 21g 정도 남을 거야. 하하하!
영혼의 무게를….
너희에게는 수학이 어떤 의미니?
수학의 제약을 받으면 많은 기회를 잃게 될 수 있어.
어떤 기회를요?
시험 결과에 따라 선택하면 되죠.
수학을 안 보는 걸 선택하면 돼요.
쌤은 매번 수안이 어린 나이에 자신이 무엇을 원하는지 잘 안다며 우리에게 배우라고 하셨잖아요.
자신이 무엇을 좋아하는지 아는 것은 중요해. 하지만 너희들은 아직 어려. 정말 결정을 잘 내릴 수 있을까?
쌤 말씀대로라면 우리는 평생 좋은 결정을 내릴 수 없을 것 같은데요.
평생 가장 하고 싶은 것이 무엇인지 어떻게 정할 수 있어요?
아니, 아니, 수학 법칙이 있어 37%까지지만.

학과 시험이 끝나고 12월로 접어들면서 기말고사가 코앞으로 다가왔다. 오후 5시의 보충반은 이미 수업이 시작되어야 하지만, 성찬은 쉽사리 마음 정리가 되지 않았다. 성찬은 마치 깊은 산속에 자리 잡은 사찰의 스님이 날마다 아무도 듣지 못하는 불경을 외우는 것처럼 느껴졌다. 오늘 그는 불경을 외우는 것보다 더 중요한 일을 해야 한다.

수안은 오늘도 국어 교과서를 들여다보고 있는 중이다.

"수안아, 수학과 관련된 공부를 할 생각은 없어?"라고 성찬이 물었다.

"죄송해요. 선생님, 제가 하고 싶은 공부는 대부분…."

"괜찮아. 사과할 필요는 없어. 내가 수학을 대표하는 사람도 아니고." 유아는 기회를 잡았다는 듯이 일부러 놀라는 척하며 말했다.

"쌤은 수학의 대변자 아니신가요? 전 쌤에게서 수학을 빼면 시체라고 생각했어요."

"아마도, 21g 정도 남을 거야. 하하하!"

'영혼의 무게만 남은 건가. 내 육체가 수학으로만 이루어진 것도 아닌데….' 성찬은 실없는 생각을 하며 은석과 유아에게도 같은 질문을 했다.

"너희에게는 수학이 어떤 의미니?"

"그런 생각은 해 보지 않았어요." 은석은 고개를 가로저었다.

"시험 결과에 따라 선택하려고 해요. 저는 수학을 안 보는 걸 선택할 거고요."라며 유아가 대답했다.

"수학의 제약을 받으면 많은 기회를 잃게 될 수 있어." 성찬은 수학 자체를 거부하려는 유아가 답답했다.

"어떤 기회를요? 쌤은 매번 수안이가 어린 나이에 자신이 무엇을 원하는지 잘 안다며 우리에게 배우라고 하셨잖아요." 유아가 수안을 내세워 반격했지만 성찬은 아랑곳하지 않고 말했다.

"자신이 무엇을 좋아하는지 아는 것은 중요해. 하지만 너희들은 아직 어려. 정말 결정을 잘 내릴 수 있을까? 너희들은 아직 경험하지 못한 일들이 많은데, 어떻게 지금 하고 싶은 것이 평생 가장 하고 싶은 것이라고 확신할 수 있을까?"

"쌤, 해 보지 않아도 알 수 있는 건 있어요. 칼에 실제로 찔리지 않아도 죽을 수 있다는 건 알아요." 유아는 쌤의 말에 복종하지 않았다. 성찬은 비로소 정한의 얼굴에 번뜩이는 표정 변화를 보았다.

"정한아, 너는 어릴 때부터 가업을 이어받도록 교육받았을 텐데 네게 더 적합한 직업이 있을지도 모른다는 생각은 해 본 적이 없니?" 정한은 성찬의 말을 이해한다는 표정을 지었다. 그 역시 '아버지의 뜻을 따르기보다는 자신이 원하는 것을 해야 하지 않을까' 고민하던 중이었기 때문이다.

"쌤 말씀대로라면 우리는 평생 좋은 결정을 내릴 수 없을 것 같은

데요. 모든 직업을 다 경험해 볼 수는 없기 때문에 가장 적합한 일을 찾는 건 영원히 불가능해요."라고 연준이 말했다.

'그래, 얘들아, 난 이 말을 기다렸어!' 성찬은 마음속으로 폭죽을 터뜨렸지만, 일부러 잠시 침묵한 후에야 준비된 말을 시작했다.

"맞아, 우리는 가장 적합한 일을 찾을 수 있을지를 확신할 수 없어. 그런데 어떤 사람이 수학적인 분석을 해 보았는데, 분석 결과는 젊었을 때 최대한 많은 경험을 해 보라는 거였어. 특정 연령이 지난 후 지금까지 경험했던 가장 재미있는 일보다 더 재미있는 일을 만나면 그 일을 평생의 지향점으로 삼는다는 거야. 이 법칙을 실천하면 가장 큰 확률로 가장 적합한 일을 찾을 수 있다는 거지."

"이것도 수학적으로 분석할 수 있다고요? '특정 나이'가 몇 살인지도 계산할 수 있어요?"

연준은 믿을 수 없다는 듯이 물었다.

"그렇다면 방정식을 하나 세워 보자. N은 평생 할 수 있는 일의 총수, 입력 변수 x를 특정 연령에 바뀐 일의 수를 나타내고, 출력 결과는 방금 소개한 법칙에 따라 '특정 연령이 지난 후 이전에 경험했던 가장 재미있는 일보다 더 재미있는 일을 만나면 그 일을 평생의 지향점으로 삼는다'에서 가장 적합한 일을 찾을 확률을 $P(x)$로 나타내."

그는 칠판에 긴 식을 써 내려갔다.

$$P(x) = \sum_{i=1}^{N} P(\text{i번째 일을 평생 직업으로 선택} \mid \text{i번째 일이 자신에게 가장 적합한 일})$$
$$P(\text{i번째 일이 자신에게 가장 적합한 일})$$
$$= \sum_{i=1}^{N} P(A_i \mid B_i) P(B_i)$$

"A_i와 B_i를 각각 'i번째 일을 평생 직업으로 선택한다'와 'i번째 일이 자신에게 가장 적합한 일이다'라는 두 사건으로 표시하면, 모든 직업은 아마도 가장 적합한 직업이 될 것이고 그것의 확률은 같기 때문에 $P(B_i)=\frac{1}{N}$이라는 확률을 얻을 수 있어.

$P(A_i \mid B_i)$ 이 확률은 $i \langle x$일 때 규칙은 젊었을 때 경험일 뿐, 정할 수는 없기 때문에 가장 적합한 일은 반드시 놓칠 것이라는 것을 알려줘. 따라서 $P(A_i \mid B_i)=0$이야. $i \geq x$일 때, '이전 i개의 일 중, 경험했던 $(x-1)$개에서 두 번째 적합한 일이 있기만 하면' 반드시 자신에게 가장 적합한 일을 찾을 수 있다는 거야.

그리고 이것의 의미는 젊은 시절의 경험은 우리에게 높은 문턱을 세우게 하고, 그 이후에 경험하는 일은 최고의 i번째 일이 아니면 고르기 싫다는 뜻으로 바꿔 말하면…." 성찬은 다시 칠판에 식을 썼다.

$$P(A_i \mid B_i) = \begin{cases} 0 & \text{if } i < x \\ \frac{x-1}{i-1} & \text{if } i \geq x \end{cases}$$

"아래 식에서 분모는 i번째 일 전에 모두 $(i-1)$개의 일을 했다는 것이고, 분자는 이렇게 많은 일 중에서 두 번째로 적합한 일은 젊었을 때 경험한 $(x-1)$개의 일 중에 있다는 거야. 이 두 식을 첫 번째 식에 대입하면, 다음과 같은 식을 얻을 수 있어."

$$P(x) = \sum_{i=1}^{N} P(A_i \mid B_i)P(B_i)$$
$$= \sum_{i=1}^{x-1} 0 + \sum_{i=x}^{N} \frac{x-1}{i-1} \cdot \frac{1}{N} = \frac{x-1}{N} \sum_{i=x}^{N} \frac{1}{i-1}$$

"이 문제는 고등학교 수준을 능가하는 거죠?" 은석은 턱이 떨어지는 과장된 모습을 보였다. 하지만 연준은 매 과정을 진지하게 뚫어져라 쳐다봤다. 성찬은 마치 의사가 환자를 달래는 듯한 미소를 지으며 못 들은 척 계속해서 설명했다.

"N이 무한대로 가면 식을 간단하게 할 수 있어. 변수를 x번째 일에서 상대 비율 $y = \frac{x}{N}$으로 바꾸면, 식을 적분식으로 바꿀 수 있어."

$$P(y) = y\int_{y}^{1} \frac{1}{t}\,dt = -y\log(y)$$

"미분 후 최댓값은 $y=\frac{1}{e}$≒37%로 나타나. 다시 말해서 평생 N 종류의 일을 접하게 된다고 가정하면, 0.37N의 일을 하기 전에 아무리 흥미가 있더라도 일을 바꿔야 해. 0.37N의 용도는 너희들을 도와 문턱을 높이는 것이지. 만약 0.37N개의 일 중에서 최고의 직업이 A라면 0.37N개가 넘는 일을 한 뒤 A보다 더 멋진 직업을 만나기만 하면 평생의 직업으로 선택하기 때문이야. 이 전략에서 가장 높은 확률이 있을 것이고 가장 적합한 일을 선택할 수 있어."

성찬은 연준을 향해 '확률값은 딱 하나'이니 관심 있으면 도전해 보라고 권하자, 연준은 큰소리로 "도전을 수용합니다!"라고 외쳤다.

은석은 "이게 정말 우리가 평소에 배우는 수학이라고?"라고 말하며 인상을 찌푸렸다.

"쌤, 그런데 우리가 평생 접하게 될 일의 수 N, 그 값이 얼마인지 어떻게 알 수 있어요?"라며 수안이 모처럼 의혹을 제기했다. 그러면서 "N이 없으면 시도해야 할 0.37N의 일이 얼마나 되는지 모르잖아요."라며 말을 이었다. 성찬은 수긍한다는 듯 고개를 끄덕이며 말했다.

"우리는 일생 동안 서로 다른 단계에서 접하게 될 일의 수를 확률 모델로 접근할 수 있어. 예를 들어, 수안이 z세부터 일을 시작한다고 가정하면, 그 후 점점 더 특정 기능에 전념하기 때문에 생활이 갈수록 안정되고, 바뀐 일의 수가 기하급수적으로 감소하지. A년이 지난 후, 접한 새로운 일을 z년의 절반만 할 때 A는 일의 반감기야."

"반감기는 지질 연도를 측정하는 데 쓰는 거 아닌가요?"

"지질 연도를 측정한다고?" 유아가 끼어들었다. 여전히 계산 중이던 연준이 갑자기 대답했다.

"우리는 어떤 원소의 반감기를 알고 있고, 지층 안의 원소의 감소 상황을 이용해서 지질 연도를 추정할 수 있어. 예를 들어, 어떤 원소의 반감기가 5000년이고, 어떤 지층에서 동물의 사체 안에 있는 이 원소의 농도가 $\frac{1}{4}$에 불과하다는 것으로, 우리는 이 지층의 지질 연도가 대략 10000년 전이라는 것을 알 수 있는 거야."

'연준의 뇌에 멀티코어 프로세서가 있다니!' 성찬은 내심 감탄하며 연준의 말을 이었다.

"그래, 반감기와 적분을 이용해 계산할 수 있어. 만약 영원히 일을 정하지 않고 100세까지 산다고 가정하면 평생 $\frac{A2^{(-z/A)}}{ln2}$만큼의 일을 만나게 돼. 상위 37% 직장은 건너뛰고 즉, 의미는…." 성찬은 다음 식을 썼다.

$$z + \frac{[1 - \ln(e-1)A]}{\ln 2}\text{세}$$

"100세 생일 전의 일은 모두 고려하지 않아도 돼." 드디어 성찬이 모든 식을 마무리하며 말을 마쳤다.

"이런 식은 너무 귀찮잖아요." 모두가 이구동성으로 말했다. 그러자 연준이 대표해서 차분히 말을 이었다.

"z+0.66A에 근사한다는 것은 z+0.66A세 이전에 최대한 경험해 보고 이 나이가 넘어가면 진지하게 결정해야 한다는 얘기야." 연준의 말이 끝나자 성찬은 진짜 하고 싶은 말을 전했다.

"맞아, 그래서 내가 뭘 할지, 뭘 하지 말아야 할지 너무 일찍 결정하지 말라고 조언하는 거야. 스펀지처럼 각종 지식을 흡수하고 각 분야를 폭넓게 섭렵해야 미래에 너희가 가장 정확한 결정을 내릴 수 있어. 앞서 은석이 말한 수학 수업은 기본 동작의 연습일 뿐이라는 것에 동의해." 말을 마친 성찬은 천천히 숨을 내쉬었다. 그는 자신의 마음이 잘 전달되기를 바라며 덧붙였다.

"너희들에게 기본 동작을 연습하라고만 했는데 시합에 나가지 못하게 한 것은 쌤인 내 잘못이야. 하지만 언젠가는 진정으로 수학의 경기에 서게 될 것이야. 보험에 투자하거나, 쇼핑을 하거나, 일을 하거나, 자신이 수학을 사용하고 있다는 것을 알 수도 있고, 전혀 깨닫지 못할 수도 있지. 그러나 지금 기초를 다지지 않는다면 그때는 아마 너무 늦을 거야."

학생들은 갑자기 조용해졌다. 모두 이 말 뒤에 숨은 이치를 음미하는 것 같았다. 어느새 돈독해진 스승과 제자의 관계로 성찬의 마음은 한결 단단해진 기분이었다.

성찬의 시선이 칠판 옆에 걸린 달력에 쏠렸다. 방학까지 보름, 수업

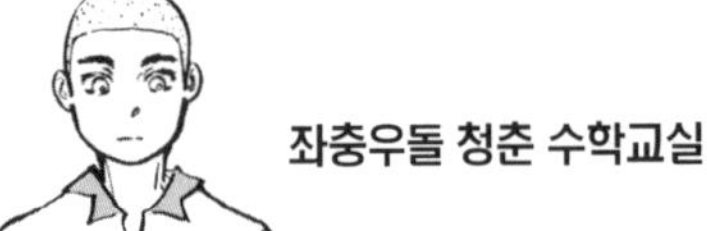

이 몇 번 남지 않았다. 수학 시험성적이 발표되어 그는 오늘 교무실에 불려갔다. 다음 학기에는 이 학교에 머물 방법이 없을 것 같다.

내 말 좀 들어줄래!

급수, 극한, 적분

앞서 소개한 수열은 순서대로 배열된 것이다. 여기에서 언급된 급수는 수열의 총합이다. 예를 들어, 열 1, 3, 5, 7에 대응하는 급수는 1+3+5+7=16이 된다. 우리는 일반적으로 다음 식으로 수열 a_n를 나타내며, 급수 S_N과의 관계는 다음과 같다.

$$S_N = \sum_{n=1}^{N} a_n$$

S_N의 N은 1항부터 N항까지 합을 나타낸다. 때때로, 수열은 방정식 $a_n=f(n)$ 위의 점으로 쓴다.

$$S_N = \sum_{n=1}^{N} f(n)$$

이 방정식을 좌표평면에 그려서 수열의 각 수를 상상하면 너비 1, 높이 $f(n)$인 긴 막대의 면적이다. 급수는 바로 이 막대들의 면적을 합친 것이다. 더 나아가 급수를 N으로 나누어 다음을 얻을 수 있다.

$$\frac{1}{N}S_N = \sum_{n=1}^{N} \frac{1}{N} f(n)$$

같은 면적 개념으로 해석하면, 긴 막대의 폭이 $\frac{1}{N}$, 높이가 여전히 $f(n)$임을 알 수 있다. 길이를 좁혀 범위가 '0에서 N까지'에서 '0에서 1까지'로 바뀌었기 때문이다. N이 매우 클 때, 긴 막대의 폭은 점점 작아지고, 면적의 총합은 특정 영역 '$y=f(x)$, x축($y=0$), y축($x=0$), $x=1$ 이 네 개의 선으로 둘러싸인' 면적에 점점 가까워진다. 이 면적은 바로 아래 적분식의 값이다.

$$\int_0^1 f(x)\,dx$$

Part 3

코드명_ 수학, 퇴출 직전의 쌤을 구하라!

다음 학기에 쌤이 해임된다고?
확실해?
기대에 미치지 못하는 게 어딨어!
맞아, 다른 수학쌤이 그러시는데 보충반 성적이 너무 안 좋아서….
학교 평균 성적보다 높잖아. 유일한 만점은 우리 반이라고!
내가 발전할 여지가 없는 것이 성찬 쌤의 탓인가?
보충반이 과외 세트도 아니고, 1,000원을 더 낸다고 음료&감자튀김이 무조건 업그레이드 되는 건 아니잖아.
쌤을 무조건 편들 수도 없어.
평가 기준은 평균 점수가 아닌 '향상 폭'이라고 들었어.
난 쌤을 매우 좋아하는데,
보충반 수업 활동의 우수한 성과를 알리는 건 어때?
난 동의해.
그래서 너희들을 불렀어. 어떻게 쌤을 도울 수 있을까?
다만, 우리 성적이 향상되지 않은 것도 사실이야.
기존 쌤들의 틀에 박힌 수업보다 성찬 쌤의 수업은 재미있는 수학 지식이 많아서 재미있어.
역시 똑똑해!

코드명_수학, 퇴출 직전의 쌤을 구하라!

주말 오후, 보충반 친구들이 긴급회의를 소집했다.

"이 정보를 믿어야 하는 거야? 다음 학기에 쌤이 해임된다고?" 은석이 눈을 부릅뜨고 물었다. "확실해." 정한이 속상한 낯빛으로 말했다. 그는 며칠 전 보충반의 성적이 기대에 미치지 못해 성찬이 이번 학기가 끝나면 해임될 것이라는 소식을 우연히 들었다. 은석은 화가 나서 책상을 치며 말했다.

"기대에 미치지 못하는 게 어딨어! 학교 평균 성적보다 높잖아. 유일한 만점은 우리 반에 있다고!"

"학부모회에서는 보충반이 생기면 학생들의 성적이 많이 향상될 것을 기대했다고 들었어. 보충반을 평가하는 기준이 평균 점수가 아닌 그 '향상 폭'인 거지."

"내가 발전할 여지가 없는 것이 성찬 쌤의 탓인가?" 은석은 대수롭지 않게 말했다. 유아도 원망스럽게 말했다.

"보충반이 과외 세트도 아니고, 1,000원을 더 낸다고 음료&감자튀김이 무조건 업그레이드 되는 건 아니잖아. 사람들의 생각은 너무 단순해." 다들 한목소리로 성찬을 감싸며 불평했다. 순간, 정한은 손을 들어 잠시 멈추라는 신호를 보냈다.

"무조건 쌤 편을 들 수도 없어. 학교도 운영비라는 게 있는데 성적 향상도 안 되는 보충반을 계속해서 지원할 수는 없을 거야."

이 말에 아무도 반박할 수 없었다. 한동안 침묵이 흐른 뒤 연준은 깊은 한숨을 쉬고 말했다.

"우리가 수업을 제대로 듣진 않았지만, 학생들이 이해하는지 안 하는지 신경도 안 쓰고 교과서 그대로 가르치는 쌤들에 비해 성찬 쌤은 적어도 재미있는 수학 지식을 많이 알려줬어."

"맞아, 벌은 우리가 받아야 해. 쌤은 그저 우리를 열심히 가르쳤을 뿐인데, 이 학교는 학생뿐만 아니라 쌤의 꿈도 없애려고 하고 있어." 유아는 우울한 목소리로 학교를 비난했다. 그녀는 지난번 이 카페에서 자신을 도우려 수학 얘기를 나눴던 성찬이 떠올라 지금의 상황이 더욱 감정적으로 다가왔다.

"이것이 바로 오늘 너희들을 소집한 목적이야. 난 쌤을 매우 좋아하고 다음 학기에도 수업을 들을 수 있기를 바라. 그래서 어떻게 그를 도와야 할지 논의하고 싶어." 정한은 다들 너무 감성에 빠져 다음의 할 일을 잊은 듯해 자신의 생각을 정확히 전달했다. 그때 시종일관 말이 없던 수안이 입을 열었다.

"보충반 수업 활동의 우수한 성과를 알리는 건 어때?"

"오! 좋아, 수안이는 역시 똑똑해!" 은석이 제일 먼저 손뼉을 치면서 좋아했다. 수안은 잠시 말을 멈추었다가 확신의 표정을 지었다.

당연히 학생들이 원하는 곳에 진학시키는 것이 목적인 학교는 학생들이 다양한 행사와 경시대회에 적극적으로 참여하도록 장려해 개

개인의 풍부한 경력을 쌓도록 한다. 그와 동시에 학교에서는 교사가 학생의 출전에 협조할 수 있도록, 또 학생이 우수한 성적을 낼 수 있도록 교육하는 것은 물론, 결과가 좋을 경우 지도교사도 함께 포상한다. 아이들은 바로 이 방식을 공략해 성찬을 돕기로 했다.

"좋아! 우리 모두 서둘러 각종 대회, 행사에 참가해서 지도 쌤으로 모두 성찬 쌤을 밀어드리자. 가산점을 얻게 되면 도움이 될지도 몰라." 토론이 일단락되자 수안은 비로소 수줍게 말했다.

"사실, 지난번 쌤이 수학으로 〈옹정황제〉 이야기의 한 구절을 흉내 내서 소설을 한 편 써서 투고했어. 그건 매우 큰 문학상인데 오늘 발표를 한다고는 했는데…." 그 말을 듣자마자 유아가 벌써 인터넷 검색에 들어갔다.

"야! 그걸 왜 이제 말해! … 야, 너, 상 받았어! 받았다고! 너 정말 대단하다!"

유아가 비명을 질렀다. 바로 몇 분 전에 수상 소식이 발표된 것이다. 홈페이지에는 수상 명단 외에 1등 수상자인 수안의 글이 게재되어 있었다. 제목은 〈디지털 홍루몽〉이었다.

18

수학의 문외한도 데이터는 맹신하는 이유

사람들은 수학을 싫어하지만 '비교'를 할 때는 숫자가 있어야 공평하다고 생각한다. 데이터가 맞는지 또는 데이터가 일리가 있는지의 여부는 모두 그 다음이다. 데이터만 있으면 동전을 떨어뜨린 결과라도 사람들은 설득당할 것이다.

"근본적으로 숫자에 대한 맹신이잖아."

은석은 수안을 원망하면서 마음속으로 성찬을 떠올렸다.

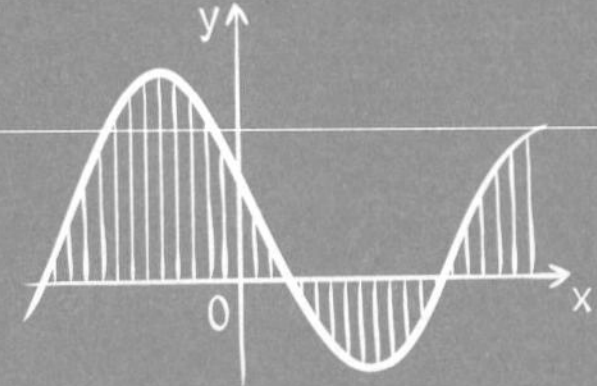

체육관에 운동화와
바닥의 마찰음이 들렸다.
삐빅,
흰색 3번 선수
파울!
심판이 이제서야
정신이 들었나 보네.
손이 다 부었는데
이제서야 불었어!
너희 경기
재미없는 게
내 탓이냐?
성찬 쌤을
어떻게
도와야
할까.
수안?
설마 나에게
관심을 갖고
있는 건가?
은석아,
지난번 보니
걱정거리가
많아 보였는데
아직도
쌤 생각을
하고 있어?
세 팀이 동점을 이루고,
서로 승패 전적이 있네.
비교할 만한 것이
또 어떤 것이 있을까?
득점?
C조는
'태양 팀'과
어느 팀이
올라갈 수
있을까요?

체육관에 운동화와 나무 바닥의 마찰음이 들렸다.

"삐빅, 흰색 3번 선수 파울!"

"심판이 이제 정신이 들었어. 손이 다 부었는데 이제서야 호루라기를 불다니!" 벤치에서 심판을 보고 있는 은석에 대한 불평이 들려왔다.

'어쩔 수 없지, 반별 경기가 이렇게 재미없으니 심판에 집중할 수가 없네. 하지만 난 지금 가장 괴로운 사람이라고. 무엇이 옳고 그른지 알려주기 위해서는 먼저 자신을 돌아봐야 하는데….' 은석은 물고 있던 호루라기를 뱉으며 마음속으로 자신을 원망하고 있었다.

며칠 전 수안의 수상작을 보고 은석은 부끄러움을 느꼈다. 자신은 성찬 쌤과 그렇게 친한데도, 쌤이 어려움에 처했을 때 도움을 줄 수가 없다는 것이 괴로웠다. 성찬 쌤을 만난 후 요즘 처음으로 공부가 이렇게 재밌다는 것을 느끼고 수학 공부에 집중하는 중이었다.

'성찬 쌤을 돕고 싶고, 이 기회를 빌어 감사하다고 말하고 싶어.'라는 간절함에 빠져 있다가 고개를 들자 수안이 체육관 입구에 보였다.

"지난번에 걱정거리가 많아 보였는데 괜찮아? 아직도 쌤 때문에 걱정하고 있는 거야?" 수안의 말에 내가 쌤을 신경 쓰고 있던 것처럼 '누군가도 나를 신경 쓰고 있었던 걸까?'라는 생각에 은석은 마음이 따뜻해졌다.

※

교내 농구 경기의 조별 예선은 저녁 무렵에 일단락되었다. 심판을 맡은 학교팀 선수가 경기 상황을 토론하자, 선발 센터인 강훈은 C조 점수표를 가리키며 코치에게 "C조는 '태양 팀'과 어느 팀이 올라갈 수 있을까요?"라고 물었다.

C	치어리더 팀	호랑이 팀	흑점 팀	히트유닛 팀	태양 팀	점수
치어리더 팀	0	0	1	0	1	2
호랑이 팀	1	0	0	1	0	2
흑점 팀	0	1	0	1	0	2
히트유닛 팀	1	0	0	0	0	1
태양 팀	0	1	1	1	0	3

점수표의 가로행은 경기 결과를 보여준다. '치어리더 팀'이 '흑점 팀'과 '태양 팀'을 이기므로 첫 행의 세 번째와 다섯 번째 자리는 1이고, '치어리더 팀'이 '히트유닛 팀'에게 지므로 첫 행의 네 번째 자리는 0이다. 맨 오른쪽 세로 열은 이 팀이 몇 경기를 이기고 얼마나 많은 점수를 얻었는지를 나타낸다. 1위는 3점인 '태양 팀'이고, '히트유닛 팀'은 최하위로 1점만 받았다.

"세 팀이 동점이라는 것은 이것이 전설의 죽음의 조라는 건가?"

“죽음의 조는 팀 전체가 강팀이라는 뜻이지, C조는 모든 팀이 약체라고.”

“죽을 정도로 약한 죽음의 조.”

“잠깐만, 이것 좀 봐. 승부를 겨루어도 결과를 낼 수 없어. ‘치어리더 팀’이 ‘흑점 팀’을 이겼고 ‘흑점 팀’이 ‘호랑이 팀’을 이겼고 ‘호랑이 팀’이 ‘치어리더 팀’을 이겼어. 그러니 비교할 수가 없어. 그렇지 않아?” 선발 스트라이커인 태욱이 유머러스하게 말을 마치자 옆에 있던 수안이 그를 쳐다보았다. 여학생 앞에서는 무엇이든 나서지 않고 못 견디는 남학생들의 기질이 나타난 것 같다.

“실점 차이를 봐.” 코치가 센터 강훈에게 점수표를 건네주었다. 강훈이 계산을 하겠다며 핸드폰을 꺼내자 은석은 순간, ‘연준이였다면 저 정도 계산은 책상을 두 번만 두드려도 답이 바로 나왔을걸.’ 라고 생각했다. 그는 작은 목소리로 수안에게 “연준이는 암산을 할 때마다 규칙적으로 책상을 두드리지 않냐”라고 묻자, 수안은 “다른 사람들은 그것이 그의 특별한 계산 방식이라고만 생각하겠지만, 나는 그 자체로도 넘 멋지다고 생각해!”라고 말했다.

“정말?”

“그래, 마치 네가 슛을 던지고 나서 공이 네트에 들어가는 소리가 들릴 때까지 일부러 손목 자세를 유지하는 것처럼 말이야.” 그때 여러 번 검산한 강훈이 말했다.

"코치님, 큰일났습니다. 세 팀 모두 승점이 같습니다."

"정말?" 코치는 계산 결과를 받아들고, "어떻게 이런 우연이…."라며 난감해했다.

"어느 팀이 점수가 높을까?"

"어떻게 득점을 비교해야 할까요, 농구 경기의 승부를 결정할 수 있는 관건은 공격이 아니라 방어죠."

감독이 강훈에게 호응의 눈빛을 보냈다. 철벽 수비는 감독의 최고 수칙이다. 그러자 은석은 "치어리더 팀이 올라가야죠."라고 말했다. 은석의 말에 스트라이커 태욱이 이유를 묻자, 은석은 차분히 설명했다.

"승점이 모두 2점이지만 '치어리더 팀'이 승점이 가장 높은 '태양 팀'을 이긴 적이 있어. '호랑이 팀'과 '흑점 팀'은 승점이 1점에 불과한 '히트유닛 팀'을 이긴 적이 있지. 강팀을 이길 수 있는 팀이 강한데 이 논리대로 보면 '치어리더 팀'이 세 팀 중에 강한 팀이 아닐까?"

여러 사람이 은석의 논점에 동의했다. 하지만 어떤 사람들은 유보적인 태도를 보이기도 했다. 코치는 고개를 저으며 말했다.

"이 방법은 안 돼."

"왜요?" 은석이 반기를 들며 대꾸했다.

"일리는 있지만 구체적인 데이터가 없기 때문이지. 득점이나 실점만 놓고 비교해야 해. 승부를 결정짓는 이 일은 데이터가 없으면 사람들을 믿게 하기에 충분하지 않아."

'농구 코치님이 수학에 익숙한 것 같은데….' 은석은 혼잣말을 중얼거리며 마음속으로 다시 한번 생각했다. 비록 수학을 좋아하는 사람은 없지만, '비교'를 할 때 대부분 데이터를 신뢰한다. 데이터가 맞고 틀리는 건 상관없다. 다만 기본적으로 사람들은 수치를 믿을 것이고, 이에 합당한 데이터가 있으면 설득당한다.

그때 수안이 은석 옆에 서서 작은 목소리로 말했다.

"나 방금 네가 말한 승부의 관계를 계량화할 수 있는 수학적인 방법을 찾은 것 같아."

"정말?" 은석은 자신도 모르게 손을 뻗어 수안의 손을 잡았다. 그러자 수안은 마치 감전이라도 된 듯 온몸을 흔들며 손을 뺀 뒤 침착하게 말했다.

"조별 채점을 표시하는 방법을 토너먼트 매트릭스tournament matrix라고 하거든. 행렬matrix 기억해?"

'아마도, 기억할 거야.' 은석은 잠시 생각했다.

"하나의 행렬에는 많은 숫자가 있는데, 예를 들어, 점수표는 25개의 숫자가 있는 5×5의 행렬로, 각 숫자는 0 또는 1로 승부 결과를 나타내." 수안이 잠시 말을 멈추었다.

"행렬을 제곱하면, 같은 5×5의 행렬을 얻을 수 있어. 그 안의 각 성분의 값은, 첫 번째 행과 두 번째 열의 그 위치로 말하자면, 행렬의 첫 번째 행의 모든 값과 두 번째 열의 모든 값을 하나씩 곱해 누적한 결과가 돼." 다시 수안이 차근차근 설명하자, 은석이 0+0+1+0+1=2라고 적었다.

"정답은 2?"

"맞아. 다른 성분을 대조해 처리하면 행렬 제곱의 결과를 계산할 수 있어."

수안의 계산으로 재미있는 결과가 나타났다. 은석은 '치어리더 팀'의 새로운 점수가 놀랍게도 1위 팀인 '태양 팀'과 같고 같은 점수를 받았던 다른 두 팀을 앞서게 된 것을 확인했다.

T^2	치어리더 팀	호랑이 팀	흑점 팀	히트유닛 팀	태양 팀	점수
치어리더 팀	0	2	1	2	0	5
호랑이 팀	1	0	1	0	1	3
흑점 팀	2	0	0	1	0	3
히트유닛 팀	0	0	1	0	1	2
태양 팀	2	1	0	2	0	5

"이게 네가 방금 말한 '이기는 게 강한 상대냐, 약한 상대냐'에 대한 계량화야."라며 수안은 신나게 말했다.

"어떻게 이런 결과가 나올 수 있을까?"

"제곱 후 행렬의 각 성분의 숫자는 단순한 두 팀의 승부가 아니라

'이겼던 팀 중 몇 팀이 이 팀을 이겼는지'를 의미하기 때문이야. 마치 새로운 행렬에서 '치어리더 팀' vs. '호랑이 팀'은 성분의 1행 2열의 값인 2인데, 이는 '치어리더 팀'이 이긴 두 팀은 모두 '호랑이 팀'을 이긴 적이 있다는 뜻이야."

은석은 '치어리더 팀'이 '흑점 팀'과 '태양 팀'을 이겼고 이 두 팀 모두 '호랑이 팀'을 이긴 것을 확인했다.

"맞아."

"순위를 더 명확하게 나누고 싶다면 행렬의 3차, 4차 등, 이 개념을 계속 확장해 나갈 수 있어. 계산할수록 숫자가 의미하는 것은 '이겼던 팀이 이겼던 팀이 이겼던 팀이 이겼던….'이지." 은석은 수안이 말한 대로 다른 성분의 값도 확인했다. 이렇게 계량화한다는 것이 마냥 신기했다.

"잘됐어, 성찬 쌤에게 도움이 될 수도 있겠어!" 은석은 감격에 겨워 수안을 껴안았다. 순간 수안은 허공에 뜬 듯 은석에게 안겨 있는 자신을 내려다보았다.

"고마워, 수안아. 정말 큰 도움이 됐어." 은석은 수안을 놓아주고 핸드폰을 집어 들며 누군가에게 전화를 걸었다.

"연준아, 재미있는 계산 문제 하나 알려줄게."

은석은 경기 점수 행렬의 제곱 결과를 손에 쥔 뒤 여러 사람 앞에서서 브리핑하듯 발표했다.

T^{10}	치어리더 팀	호랑이 팀	흑점 팀	히트유닛 팀	태양 팀	점수
치어리더 팀	193	80	96	160	72	601
호랑이 팀	96	113	104	152	56	521
흑점 팀	80	72	113	96	80	441
히트유닛 팀	72	80	56	113	24	345
태양 팀	160	96	152	152	113	673

"최종적인 조 순위는 '태양 팀(673)>치어리더 팀(601)>호랑이 팀(521)>흑점 팀(441)>히트유닛 팀(345)'이에요. 태양 팀, 치어리더 팀이 올라가면 되겠네요." 은석이 의기양양하게 결론을 내렸다.

코치가 은석의 얼굴을 꼬집자, 은석은 불에 덴 듯 소리를 질렀다.

"아이고 아파, 뭐 하시는 거예요?"

"네가 수학을 이렇게 잘하다니 믿기지 않아서 말이야. 이렇게 꼬집어 봐야 네가 은석이의 탈을 쓴 외계인인지 아닌지 확인할 수 있거든. 하하하!" 아무도 이 농담에 반응하지 않자 코치는 헛기침을 하며 계속해서 말했다.

"좋아, 그럼 은석의 순위 결과를 채택하자. 이 방법은 매우 유용하니, 나는 앞으로 어떤 조별 시합이든 간에 모두 이 방법을 쓰도록 학교에 건의할 거야. 사람들이 우리를 그저 단순한 두뇌로 운동만 한다고 느끼게 하지 말자." 코치의 이 말에 모두 한바탕 웃음소리가 터졌다.

"그리고 은석아, 이 방법은 네가 생각해낸 것이니 학교에 보고해서 너의 공적을 기록하도록 제안할게."

"감사합니다! 그런데 죄송하지만 다른 분께 이 공을 돌려도 될까요?" 은석은 고개를 돌려 수안을 쳐다보았다. 수안은 아직도 자신의 발그레한 뺨을 손으로 부채질하고 있었다.

'정말 고마워해야 할 사람은 너야.' 은석은 작은 소리로 혼잣말을 했다.

내 말 좀 들어줄래!

행렬

우리는 때때로 한 번에 일련의 숫자를 처리해야 할 때가 있다. 위의 사례와 같은 시합 승부의 결과나 전체 반의 시험성적과 같은 경우다. 이러한 숫자는 서로 관계가 있는데 이때 '행렬'은 유용하게 쓰일 수 있다. 행렬의 크기는 $N \times M$의 행렬 A와 같이 두 숫자를 곱해 나타낸다. 본문에서 행렬 T는 곧 5×5의 행렬로, 모두 25개의 숫자가 있다.

행렬의 기본 연산에 대해 덧셈과 뺄셈은 매우 단순하며, 두 행렬이 덧셈과 뺄셈은 같은 위치의 성분에 대한 덧셈과 뺄셈이다. 예를 들어,

$$\begin{bmatrix} 1 & 4 \\ 2 & 5 \\ 3 & 6 \end{bmatrix} + \begin{bmatrix} 1 & 2 \\ 3 & 4 \\ 5 & 6 \end{bmatrix} = \begin{bmatrix} 2 & 6 \\ 5 & 9 \\ 8 & 12 \end{bmatrix}$$

주의할 점은 두 개씩 쌍을 이루어 가감해야 하므로 행렬의 가감법에는 크기가 완전히 동일한 두 행렬만이 덧셈과 뺄셈 연산을 할 수 있다는 전제가 있다. 곱셈은 모든 대응을 곱하는 것이 아니다. 그것의 규칙은 비교적 특이한데, 직접 예를 통해 확인하면 다음과 같다.

$$\begin{bmatrix} 1 & 4 \\ 2 & 5 \\ 3 & 6 \end{bmatrix} \times \begin{bmatrix} 1 & 3 & 5 \\ 2 & 4 & 6 \end{bmatrix} = \begin{bmatrix} 9 & 19 & 29 \\ 12 & 26 & 40 \\ 15 & 33 & 51 \end{bmatrix}$$

일단 행렬의 성분과 상관없이 첫 번째 인상은 곱하는 두 행렬의 크기가 같지 않을 뿐만 아니라 곱셈의 결과 만들어진 새로운 행렬의 크기도 다르다는 것이다. 이 크기의 차이는 행렬 곱셈의 핵심을 나타낸다. 두 행렬의 곱에서 앞 행렬의 열의 개수는 뒤 행렬의 행의 개수와 같아야 한다. 우변의 행렬에서 가장 왼쪽 상단 모서리의 성분은 $9=1\times1+4\times2$, 가장 오른쪽 하단 모서리의 성분은 $51=3\times5+6\times6$이다.

만약 규칙을 추론해 낼 수 있다면, 남은 몇 가지 성분으로 규칙이 정확한지 확인해 보자.

19

잃어버린 기억을 찾는 확률의 마력

"할아버지와 할머니의 망각을 '독립사건'이라고 가정하자. '한 가지 일을 동시에 기억할 확률'은 두 사람이 각각 한 가지 일을 기억할 확률을 곱한 것이다. 또 할아버지와 할머니의 기억을 비교해서 공통적으로 기억하는 사건의 수는…."

유아는 인터넷에서 찾은 수학 방법을 열심히 읽었다.

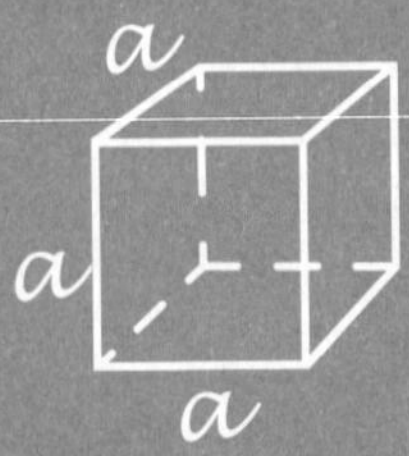

어느 양로원 근처의 공원
할아버지, 할머니! 우리 산책하러 가요.
달팽이가 길에 있으면 위험해….
학생은 참 사랑스러워.
아, 아니에요.
전 달팽이를 별로 좋아하지 않는데,
사람들에게 밟혀서 죽는 건 보고 싶지 않아서요.
휠체어가 있어서 좋아. 어디 가서 앉을 자리가 있을까 걱정할 필요도 없고.
우리보다 나이 많은 사람한테 자리 양보할 일도 없고.
호호호!
재작년에 호주에 여행 갔던 기억이 나.
오, 그러셨어요?
자네 말을 들으니 이제서야 생각이 나.
영험한 절에 가기도 했지.
나이가 드니 건망증이 심해졌어.
많은 것을 잊었다고 생각하니 서운하기도 하고.
할머니, 할아버지가 회상하는 것을 도울 수 있는 방법이 있어요.

양로원의 환경은 그리 우아하다고 할 수 없었다. 양로원의 앞마당은 지하철 객차에 겨우 끼어드는 승객처럼 비뚤비뚤하게 조성되어 있다. 다행히 부근에 공원이 하나 있는데 유아는 가끔 어르신들을 모시고 그곳으로 산책을 간다.

"할아버지, 할머니! 우리 산책하러 가요. 휠체어 밀어드릴게요."

그녀에게 왜 양로원에서 봉사를 하느냐고 물으면 "봉사하면 가산점을 받을 수 있어."라고 말하지만, 진심은 그녀가 원래 누군가를 도와주는 걸 좋아한다는 사실이다. 초등학교 때 새로 반 배정을 받은 후, 정한이가 친구들과 잘 못 어울리고 있을 때도 그녀가 먼저 다가가 친구가 되어주었다. 그녀는 도움이 필요한 사람들이 눈에 들어오면 마음이 쓰였다. 성찬 쌤도 진심으로 사람들을 대한다는 것을 알고 유아는 마음을 열 수 있었다.

※

막 비가 내린 공원 산책로를 기어가는 달팽이 한 마리를 보자 유아는 허리를 굽혀 달팽이를 잔디밭에 옮겨 놓아주었다.

"유아 학생은 참 사랑스러워."

"아, 아니에요. 그저 달팽이가 사람들에게 밟혀서 죽는 걸 보고 싶지 않아서 그래요."라고 말했다. 그녀는 할머니, 할아버지와 함께 나무 그늘 아래서 이야기를 나누는 중이었다. 그동안 이들과 쌓은 정분은 오래전에 만난 친척들보다 더 돈독하다. 짙은 남색 패딩 점퍼를 입은 노부인은 “휠체어가 있어서 좋아. 어디 가서 앉을 자리가 있을까 걱정할 필요도 없고, 나보다 나이 많은 사람한테 자리 양보할 일도 없고. 호호호!” 하며 너스레를 떨었다. 유아는 이 농담을 여러 번 들었지만, 들을 때마다 처음 듣는 것처럼 재미있어 했다.

“재작년에 호주로 여행을 갔던 기억이 나….” 할머니의 추억 이야기에 유아는 나이로 젊은이를 구분하는 것보다 추억을 좋아하는 빈도로 구분하는 것이 더 적절할지도 모른다는 생각이 들었다. 그녀는 갑자기 언젠가 정한이 그녀에게 ‘사람은 추억을 만들기 위해 산다’고 한 말이 떠올랐다. 하지만 나이가 들면서 추억은 퍼즐처럼 변하기 일쑤고, 자신의 기억을 끄집어내어 짜 맞추며 다시 재구성하기도 한다. 할머니의 여행기는 먼 옛날 일이지만 흥미로웠다.

“오, 그러셨어요? 오래 전 일인데도 잘 기억하시네요.”

“자네 말 듣고 보니 갑자기 생각이 나서….”

“정말 우린 나이가 너무 많아. 갈수록 자꾸 뭔가 잊어버리는 것 같아.”라고 할아버지가 한탄했다.

“한때 있었던 일인데도 아무도 기억하지 못하는 것을 생각하면 서운해.” 그 말에 유아는 허리를 굽혀 애교 섞인 말투로 “할머니, 할아버지가 회상하는 것을 도울 수 있는 방법이 있어요.”라고 말했다.

“오?”

유아는 할머니, 할아버지 곁에 쪼그리고 앉아 “우리 수학 쌤이 가르쳐 주신 방법인데요. 할아버지, 할머니 혹시 ‘확률’을 아세요?”라고 여쭈어보았다.

“알아, 주사위를 던졌을 때 얼마의 눈이 나오는지 그거잖아. 난 예전에 학교 쌤이었다고.” 할아버지가 자신 있게 말했다. 할머니는 “당신은 국어 쌤이었잖아요, 그렇지 않아요?”라고 물었다. “그 시절에 어디 한 과목만 가르쳤겠어요? 다 가르쳤지.”라며 할아버지는 예전 추억 속으로 빠져들 듯 눈을 가느다랗게 떴다.

“할아버지, 할머니. 제가 오늘 할아버지, 할머니 추억을 확률로 계산해드릴게요. 두 분이 X개의 공통 추억이 있고 할아버지가 그 중 M개의 추억을 기억하시고 할머니가 그 중 N개의 추억을 기억하신다고 가정하면, 할아버지가 어떤 일을 기억할 확률이 $\frac{M}{X}$, 할머니는 $\frac{N}{X}$이에요. 여기까지 잘 이해되시나요?” 할머니는 고개를 끄덕였다.

“다시, 할아버지와 할머니의 망각이 독립사건이라고 가정해 봐요. ‘한 가지 일을 동시에 기억할 확률’ 즉, 두 사람이 각자 기억할 확률을 곱한 것으로, 정답은 $\frac{MN}{X^2}$이죠. 그러나 할아버지, 할머니가 각자의 기억을 꺼내 비교한 결과, 공통적으로 기억되는 일이 P가지라는 것을 알게 된다면, ‘한 가지 일을 동시에 기억할 확률’도 $\frac{P}{X}$로 나타나요. 여기서 $\frac{MN}{X^2}=\frac{P}{X}$를 얻게 돼요. P, M, N은 이미 알고 있기 때문에 $X=\frac{MN}{P}$을 이끌어낼 수 있어요.”라고 설명했다.

할머니는 유아가 설명을 끝낸 줄도 모르는 눈치로 보아 분명히 알아듣지 못하신 것 같았다. 유아는 변수 해석이 너무 추상적이라서 그런 것 같다는 반성을 했다. 그래서 다시 구체적인 숫자를 이용해서 설명했다.

"예를 들어, 할머니는 5가지, 할아버지는 6가지 일을 기억하시는데 그중 3가지를 두 분이 동시에 기억하고 있다면, 할아버지와 할머니 사이에 $5\times\frac{6}{3}=10$가지의 추억이 있을 것으로 짐작할 수 있어요."

"이게 바로 네가 방금 말한 $X=\frac{MN}{P}$인 거야?"라며 할아버지가 묻자 유아가 고개를 끄덕였다. "맞아요. 하지만 두 분은 총 $5+6-3=8$가지의 추억을 떠올리죠. 다시 말해, 할머니께서 3가지 추억을 더 잊어버렸다는 거예요."

할아버지는 잠시 턱을 만지작거리며 생각하다가, 돌아서서 할머니에게 물었다. "이해했어? 이건…." 할아버지는 자신의 방식으로 다시 한번 설명했는데, 그가 비교적 명확하게 말한 것인지, 아니면 여러 해 동안 함께 지내서 그런 것인지, 두 사람은 수월하게 서로의 표현을 잘 이해해 할머니도 유아의 설명을 잘 알아듣는 것 같은 표정이었다.

할머니는 할아버지에게 "지난번에 대화할 때 내가 말한 일을 당신이 모두 기억하고 있는데, 이런 상황에서도 그 방법이 쓸모가 있을까요?"라고 물었다.

유아가 마침 그 부분을 설명을 하려던 참이었는데, 할아버지가 먼저 대답했다.

“변수로 표현하면 $N=P$, 이때 함께 회상하는 공통 추억 $X=\frac{PM}{P}$ $=M$, 즉 우리는 과거에 일어났던 모든 일을 기억할 수 있어.”

“우리가 아니라 당신이 기억하는 거죠. 기억력이 저보다 더 좋으니까요!” 할머니의 말투에서 감탄이 흘러나왔다. “그건 아니고 좀 전의 식에서 두 사람이 필요한데 당신이 확인해줘서 내 기억이 틀림없다는 것을 검증할 수 있었어요. 그래서 우리가 함께 했던 추억인 거지.”

노부인의 입가에서 웃음이 피어났다.

“여자들은 아무리 나이가 많아도 이런 말을 듣기 좋아해.” 할아버지는 “학생이 수학을 정말 잘하는 걸? 뜻밖에도 과거의 기억을 분석할 수 있다니. 그렇다면, 우리에게 앞으로 무슨 일이 일어날지도 계산해 낼 수 있을까?”라고 물었다.

“앞으로 일어날 일요? 제가 예지력이 있는 것도 아닌데 어떻게 미래를 알 수 있겠어요?” 할아버지는 웃으며 고개를 가로저었다. “노인들은 과거를 회상하는 것을 좋아하고, 이야기를 나누거나 일장 연설하는 것도 좋아해. 하지만 우리도 늙어서 가끔 이야기를 나누다 보면 이런 헛소리를 해서 상대를 놀라게 만들기도 하지.”

“할아버지, 그런 말씀 마세요. 옛날 일도 추억할 수 있을 만큼 좋은 대화를 나눌 수 있을 거예요!” 유아는 애써 그들을 위로했다.

“아니, 아까 질문하신 ‘앞으로 일어날 일’에 대한 계산이 가능한지

저희 쌤께 여쭤볼게요." 그녀는 대답이 끝나기가 무섭게 성찬에게 전화를 걸었다.

"쌤, 수학으로 미래를 예측할 수 있나요?"

"예측? 음, 수학적 예측을 활용하는 전제는 자료가 '규칙적'이어야 해."

'어르신들의 생활은 매우 규칙적이니 가능할 수도 있겠군.' 유아는 속으로 이렇게 생각하며 성찬의 설명에 귀를 기울였다.

"검색엔진이 수학으로 언어를 분석하는 것과 같이, 영어의 불규칙 동사는 시간이 지남에 따라 점차적으로 ed의 규칙 동사로 변한다는 것을 알게 돼. 변화의 속도는 불규칙 동사가 사용하는 빈도를 봐야 하는데 만약 하나의 불규칙 동사가 다른 동사의 사용 빈도보다 100배 높다면, 그 규칙화의 속도는 $\frac{1}{10}$로 느려질 것이며, 이는 전자의 제곱근에 반비례해. 자주 사용할수록 불규칙한 변화를 기억하기 쉽다는 이유이지. 자주 쓰지 않으면 변화를 잊어버리고, 결국 ed만 붙이는 규칙 동사가 돼."

유아는 "쌤, 제 질문과는 전혀 상관이 없는 설명 같은데요."라고 말하며 입을 삐죽 내밀었다.

"그렇다면 또 다른 연구를 참고할 수 있지. 만약 전쟁 사망자의 수에 따라 전쟁의 규모를 구분한다면, 규모가 클수록 전쟁 발생 횟수가 적어지고, 사망자의 수가 대략 100배 증가할 때마다, 전쟁 발생 횟수는 $\frac{1}{10}$씩 감소해. 이 결과로 추론을 계속하면, 미래의 어느 시점에서 큰 전쟁이 발생할 확률을 예측할 수 있어. 이것을 소위 '멱차 법칙power law'이라고 해." 유아는 성찬의 말을 끊고 말했다.

"그들이 이전에 회상했던 시간의 길이와 강도를 기록하기만 한다면, 미래에 어느 정도의 추억이 발생할 확률이 얼마인지도 예측할 수 있다는 건가요?"

"거의 그런 뜻이지."

"지진과 같은 이치네요. 이제야 이해가 조금 되네요. 쌤, 감사합니다!"

"그런데 정한이도 며칠 전에 찾아왔었는데 너희들 요즘 왜 이렇게 수학에 관심을 갖는 거야?" 성찬이 흥미롭다는 듯이 물었다.

"우연의 일치죠, 쌤이 그 확률이 얼마인지 계산해주실 수 있을까요?" 유아는 말실수가 두려워 일부러 건조하게 말하며 화제를 돌렸다.

"그건 계산하기 어려울 것 같은데, 하지만 안 되는 건 아니야. 네가 매일 기록한다고 가정해 보면…."

"결과가 나오면 저에게 말씀해주세요. 저 지금 바쁘니까 다음에 다시 연락드릴게요. 안녕히 계세요."

유아는 전화를 끊고 성찬의 말을 어르신께 전했다. 할아버지는 고개를 갸우뚱하며 대꾸했다.

"그러니까 우리가 지금 종이와 펜으로 매일의 활동을 기록하면 한

참 쌓인 후에 분석을 할 수 있다 이거지? 흠, 일기를 보면 알 수 있겠군. 나는 학생 나이 때부터 일기를 쓰기 시작했지."

"아, 그러면 저한테도 일기장을 보여주실 수 있나요?"

"에이, 일기를 남에게 보여 줄 리가 있나?"

"이것은 분석을 위한 거라고요. 수학은 마작보다 더 유용하고 알츠하이머를 예방할 수도 있어요." 마지막 유아의 말에 할머니와 할아버지는 '피식' 하고 웃었다.

유아는 사실 요즘 들어 절실히 느낀다. 봉사를 하러 와서 사실 보살핌을 받는 것은 진심으로 자신이라고. 하지만 이번에는 자신이 보살핌을 받아야 할 뿐만 아니라 성찬 쌤의 상황도 이분들께 부탁해야 한다. 유아는 바지 뒷주머니를 만져보고 곱게 접어 둔 대회 신청서를 확인했다.

상관성

앞서 공통 확률을 제시해 두 가지 일이 동시에 발생할 확률을 표현했다. 가령 첫 번째 사건이 일어날 확률은 P_1, 두 번째 사건이 일어날 확률은 P_2, 동시에 일어날 확률을 P_{12}라고 할 때, 두 사건 사이의 연관성에 따라 이 세 가지 확률은 서로 다른 관계다.

이 두 가지 일은 서로 또 다른 관계가 있다. 예를 들면, '비가 온다'와 '길이 젖는다' 이 두 가지 사건이 주어질 때, 그것들의 확률 관계는 바로 $P_{12}=P_1=P_2$이다. 왜냐하면 비가 오기만 하면 길이 반드시 젖기 때문이다. 이런 상황에서 우리는 두 가지 사건이 완전히 관련이 있다고 말한다.

그러나 '점심 식사에 계란말이가 나온다'와 '비가 온다'의 경우 확률 관계는 $P_{12}=P_1 \times P_2$로, 전혀 상관이 없기 때문에(엄마가 날씨를 보고 계란말이를 부칠지 말지를 결정하지는 않는다) 교과서 문제처럼 주머니에서 빨간 공을 먼저 뽑아내고 동전을 던져 앞면이 나올 공통 확률을 구한다. 이때 우리는 이 두 사건을 '독립'이라고 한다.

또 다른 예로, '남자는 유머러스하게 말한다'와 '여자친구를 사귀게 된다' 이 두 가지 사건의 확률 관계는 바로 $P_{12}>P_1 \times P_2$이다. 이 두 사건이 동시에 발생할 확률은 두 가지 확률을 곱한 것보다 크다. 왜냐하면 유머러스하게 말하기 때문에 확실히 여자들의 환심을 사기 쉽고 나아가 마음을 얻는다. 이때 이 두 가지 사건에 대해 내가 주관적인 결론을 말할 기회를 준다면 상관관계가 있다.

20

소울메이트를 만날 수학적 가능성

순열, 조합과 조건부 확률 분석을 통해 30분의 짧은 데이트 시간을 다양한 방법으로 분할할 수 있다. 시간을 잘게 많이 쪼갤수록 좋아하는 상대를 만날 확률이 높아진다.

성찬의 설명을 정한 아버지의 회사 부사장이 주의 깊게 경청하고 있다. '제발, 부사장님이 성찬 쌤께 깊은 인상을 받으셔야 아버지가 손을 쓸 수 있어요.' 정한은 속으로 기도했다.

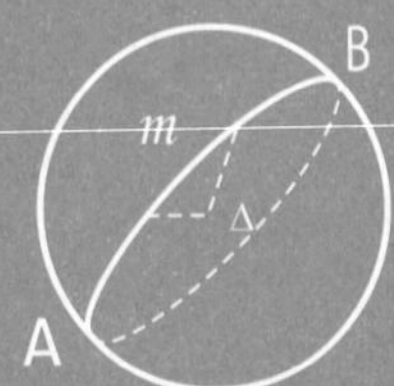

'좋아하는 스타일'에 왜 '한결같음'이 없지?
어른들의 사랑은 정말 이해하기 어려워.
어떻게 고등학생에게 이런 서류를 작성하라고 하는 거지?
친구들에게 알려지는 것이 더 난감해.
결혼정보회사
회원은 30분 동안 친목회에서….
어떻게 회원들에게 이 30분을 사용하게 할 계획인가요?
친목회에 무슨 행사라도 있나요?
아니요, 인력이 부족해서 자유활동이죠.
직원이 없으니 더 자유롭게 할 수 있을지도 모르죠.
사용? 무슨 말씀이세요?
이 30분을 어떻게 배분하나요? 회원이 30분 동안 그냥 친목회에 있는 건가요?
네.
회원이 더 알고 싶은 상대를 만나고, 앞으로 더 적극적으로 참여하길 바라는 거죠?
그렇죠.
같은 사람과 이야기하는 시간을 최대한 줄여야 활동의 가치를 극대화할 수 있을 겁니다.
그럼 구체적으로 어떻게 하는 게 좋을까요?

상담실에는 두꺼운 브라운 카펫이 깔려 있어 밟으면 마치 모래사장을 걷는 느낌이었다. 방음이 잘 되어 바깥의 소리는 전혀 들리지 않는다.

'어떻게 고등학생에게 이런 서류를 작성하라고 하는 거지? 아니, 그보다는 내가 이런 데이터를 채우고 있다는 걸 친구들이 알게 되면 너무 난감해질 거 같은데, 좋아하는 스타일? 그리고 왜 이 선택지에는 '한결같은 성실함' 이런 건 없는 걸까. 설마 결혼 정보회사에서는 중요하지 않다고 생각하는 걸까? 아니면 어른들의 세계에서는 존재하지 않는 항목일까?'

정한은 설문지를 작성하면서 마음속에 여러 가지 생각이 일었다. 최근 회사 건물 위층이 비어 있자 정한의 아버지는 평가를 거쳐 결혼 정보회사 '혼우사'에 투자 유치를 결정했다.

고대에는 이 직업을 '매파'라고 불렀다. 타이베이의 결혼정보회사 '혼우사'에서는 다양한 인재가 필요하며, 웹사이트와 프로그램을 통해 회원 데이터를 분석한다. 지금은 결혼 적령기 청년들이 업무 스트레스가 심해 연애를 사치스러운 소일거리로 여기고, 나이가 들어서야 부랴부랴 결혼 상대를 찾는다. 이런 관점에서 볼 때 혼우사는 단연 미래에 가장 유망한 업종 중 하나이다.

아버지는 브리핑을 들은 후 바로 투자를 결정했다. 오늘 정한은 시범 운영 활동에 참가해 일일 고객 역할을 하기로 했다. 이 행사에 참여하는 것은 한편으로는 회사를 위해서이고, 다른 한편으로는 기회를 찾기 위해서다.

성찬 쌤의 도움으로 부자 관계는 크게 개선되었다. 그래서 아버지는 이번에 중요한 임무를 정한에게 맡겼다. 정한은 수학이 제 역할을 할 수 있는 곳을 찾고, 다시 한번 성찬 쌤이 그의 능력을 보여줄 수 있기를 바란다. 정한은 성찬 쌤을 도와 그가 학교에서 보충반을 계속 이끌어가기를 기대하고 있다.

※

데이터를 작성하고 정한이 상담실을 나서자 입구의 전자 광고판에는 이번 주말 오후에 회원 상담 등 2시간짜리 행사가 있다고 홍보하고 있었다. 고객을 유치하기 위해 혼우사는 현장에서 회원가입을 한 고객에게 30분 동안 친목회를 마련해 준다는 것이다. 그런데 정한은 이 행사에 문제가 있음을 느꼈다. 그래서 직원에게 의문점을 던졌다.

"회원들에게 이 30분을 어떻게 사용하게 할 계획인가요?"

"사용이요? 무슨 말씀이세요?"

"이 30분을 어떻게 배분하는지 궁금해서요. 회원이 30분 동안 그냥 친목회에 있는 건가요?"

"네."

"친목회에 무슨 특별한 행사라도 있나요?"

"아니요, 인력이 부족해서 회원들은 친목회 장소에서 자유롭게 활동하게 할 계획입니다. 어쩌면 특별한 이벤트가 있는 것보다 회원들이 자유로운 시간을 더 좋아할지도 모르죠."

정한은 일본 드라마에서 극중 짧은 데이트나 친목 활동을 할 때 몇 분 간격으로 상대를 바꿔 달라고 요청했던 장면이 기억났다. 회원을 30분 동안 친목회에 방치하는 건 결코 좋은 방법이 아니다. 그런데 '30분을 왜 여러 간격으로 나누느냐'는 질문에도 말이 안 나온다. 그러나 이번 학기에 그가 배운 것이 무엇이냐고 묻는다면, 문제의 갈피를 잡지 못했을 때 대부분은 수학과 관련이 있었다는 것이다. 정한은 핸드폰 문자 메시지로 성찬 쌤이 어디 있는지 물었다.

잠시 후, 회의실에는 정한, 성찬, 그룹의 부사장, 혼우사 팀장이 모였다. 정한은 "이런 행사 참여가 회원들이 좋아하는 상대를 만나고, 더 적극적으로 참여하거나 지인들에게 혼우사를 추천해줄 계기가 될까요?"라고 물었다. 팀장은 내심 불쾌감을 참으며 "왜 그런 질문을 하죠?"라고 묻자, 정한은 "이 목적을 달성하기 위해서, 혼우사 직원들이 모델이나 의사와 같은 역할을 해야 할 것 같습니다. 혼우사를 찾는 이들은 보편적으로 인내심이 부족해서 빨리 적합한 상대를 만나고 싶어 하거든요. 이런 사람들의 심리를 겨냥해서 여기서 만족할 만한 상대를 찾을 수 있을 것 같다는 느낌이 들게 해야 합니다."라고 말했다.

“정한 학생의 말뜻은 이해했지만, 아직 정식 회원이 아닌 행사 참가회원이 상대방과 오래 이야기한다면 허점을 드러낼 수 있어요. 회원들끼리 이야기를 나눌 시간을 많이 주면 안 됩니다. 그리고 만약 단 번에 매칭에 성공한다면 정식 회원 가입이 어려울 수도 있고요. 정한 군은 회원들이 여러 사람과 대화할 기회를 제공해야 활동의 가치를 극대화할 수 있다고 생각하는 것 같은데….” 그러면서 공손한 말투로 이 어려운 문제를 정한에게 되돌려주며, “그렇다면 정한 군은 우리가 어떻게 하면 좋을 것 같습니까?”라고 물었다.

정한은 즉시 대답하지 않았다. 감정이 다양한 사람을 상대하는 것은 조금도 어렵지 않았다. 성과만 내놓으면 상대방은 곧 순순히 말을 들을 것이라고 생각했다. 정한이 고개를 돌려 성찬에게 “쌤, 의견 좀 부탁드려도 될까요?”라고 물었다.

성찬은 정한이 하는 모든 이야기를 듣고 해결 방법을 생각해냈다.

“간단해요. 순열 조합과 조건부 확률 분석을 통해 이 30분을 분할하면 조정할 수 있습니다. 3가지 상황을 통해 말씀드리겠습니다.”

성찬의 말투는 평소보다 훨씬 강경했고, 설명 속도도 마치 문서를 구어체로 바꾼 것처럼 평소보다 몇 배는 빨라졌다.

“**상황 1** : 30분을 한 번에 다 쓰는 경우입니다. 2시간에는 4개의 시간대가 존재합니다.

주어진 X는 적합한 상대인 Y가 존재하며, 그들은 마음이 통하기 때문에 함께 친목회에서 서로를 찾을 수 있죠. 가령 이 두 사람 X, Y가 친목회로 가는 시간대를 무작위로 선택한다고 가정하면, 두 사람이 만나지 않을 확률은 조건부 확률로 계산할 수 있어요. A, B, C, D 4개 시간대를 정해 주고, X가 A시간대를 선택한다고 하면 Y가 A, B, C, D의 시간대에서 어느 한 시간대를 선택하는 조합($_4C_1$)을 전체의 경우의 수로 하여 B, C, D의 3개 시간대에서 하나의 시간대를 선택하는 조합($_3C_1$)의 수로 두 사람이 만나지 않을 확률 $\frac{3}{4}$을 나타낼 수 있기 때문에 두 사람이 만날 확률은 $1-\frac{3}{4}=25\%$이 되죠."

"상황 2 : 30분 한도를 3회로 나누어 1회에 10분으로 합니다. 그러면 2시간에는 12개의 시간대가 있어요. 이때 X가 12개 시간 중 3개 시간을 선택한다는 전제하에, Y는 X가 선택하지 않는 9개 시간대 중에 선택한다면 두 사람은 마주치지 않을 겁니다. 따라서 친목회에서 만날 확률은 $1-\frac{_9C_3}{_{12}C_3}\fallingdotseq 61.8\%$이죠. 만날 확률이 훨씬 높아졌어요. 이런 추론에 의하면, 더욱 극도의 방법을 채택할 수 있어요."

"상황 3 : 30분 한도를 10회로 나누면 1회에 3분입니다. 2시간에는 40개의 시간대가 있어요. 앞서 두 상황의 계산법과 같이 생각해 보면, 만날 확률은 $1-\frac{_{30}C_{10}}{_{40}C_{10}}\fallingdotseq 96.5\%$로, 만남이 확실시되죠. 많은 혼우사들이 짧은 데이트를 채택하는 것은 바로 이 때문이죠. 만남의 시간을 아주 잘게 쪼개면 더 많은 사람을 만날 수 있고, 좋아하는 상대를 만날 확률을 높일 수 있습니다."

성찬이 기관총처럼 이야기를 마치자 팀장의 필기는 점점 더 빨라지더니 성찬의 분석을 따라가지 못했다. 정한은 약간 의기양양해졌다. 수학 뇌 모드에 들어간 성찬은 '마지막 방법의 또 다른 장점은 만남 시간이 길지 않다는 것'이라고 말을 이었다.

"첫 번째 상황은 만나면 30분 동안 함께 있어요. 두 번째 상황은 49.1%의 확률로 한 번 만나 10분 이야기할 수 있고, 12.3%의 확률로 20분, 30분 이야기할 수 있는 확률은 0.5% 정도만 되죠. 세 번째 상황은 좋아하는 상대를 만났다 하더라도 이름을 어떻게 쓰는지조차 제대로 물어볼 겨를이 없을 것 같네요."라고 말했다.

그때 부사장이 끼어들었다. "나는 두 번째 상황이 괜찮다고 생각해요. 함께 대화하는 시간과 만남의 확률 균형을 맞출 뿐만 아니라, 한 번 이상 만났을 때, '절묘하군, 우리는 왜 이렇게 인연이 있지?'와 같은 말을 할 수 있을 뿐만 아니라, 지난번에 반쯤 나눈 이야기를 계속할 수도 있죠."

"그래도 주사위를 던지는 것보다 확률이 조금 작을 뿐인데, 절묘하게 느껴질 정도로 작지는 않겠죠?"라며 성찬은 눈살을 찌푸렸다.

“그렇죠. 하지만 보통 사람들은 수학 쌤처럼 수학을 잘 알지 못하죠. 하물며 혼우사에 오면 사람들은 참지 못하고 ‘인연’을 믿게 될 겁니다.”

“맞습니다.” 정한은 덧붙여 이야기했다. “저는 쌤의 의견에 동의해요. 세 번째 상황이 가장 이상적이라고 생각해요. 만남을 보장할 수 있을 뿐만 아니라, 만남의 시간도 길지 않아 혼우사의 도움을 다시 구해야만 하죠.”

여러 사람이 다시 토론하기 시작했지만 유독 팀장만 끼어들지 못했다. 그는 에어컨이 시원한 방에서 혼자 땀을 훔치고 있었다.

※

다음 날, 정한은 아버지로부터 영상 전화를 받았다.

“부사장님을 통해 이야기 들었다. 어제 일을 아주 잘 처리했더구나. 어떤 일은 반드시 스스로 혼자 할 필요는 없지. 문제를 잘 처리할 수 있는 사람을 찾아 해답을 찾고 결정하는 것도 하나의 방법이 돼….” 이야기 도중 인터넷이 끊기자 아버지의 얼굴이 스크린에 사라졌다가 다시 목소리가 안정되어 이어졌다.

“그분이 바로 네가 전에 말했던 보충반 쌤이니?” 마침내 정한이 기다린 말이 나왔다. 평소 냉정한 정한의 심장 박동이 빨라졌다. 성찬을 학교에 잔류시키는 계획을 세운 뒤부터 아버지를 통해 학교 측에 로비할 수 있는 길은 자신밖에 없다는 것을 알았다. 다만 그가 적극적으로 성찬의 장점을 알아채게 해야만 했다. 정한은 숨을 내쉬며 아무렇지도 않은 척 말했다.

"맞아요. 성찬 쌤은 아주 훌륭한 선생님이죠. 하지만 학교에서 그를 해고할 것 같아요."

"아니, 왜?" 정한은 자기도 모르게 손으로 주먹을 쥐었다.

내 말 좀 들어줄래!

조건부 확률

길을 가다가 공에 맞은 적이 있는가? 자주 발생하지는 않겠지만 만약 운동장을 걷는다면 그건 다른 일이다. 어떤 사건이 성립한다는 전제하에 다른 한 사건의 발생확률이 달라지는 것이 이번 주제인 '조건부 확률'이다.

조건부 확률은 공통 확률과 혼동하기 쉽다. 전자는 운동장 근처를 걸을 때 공에 맞을 확률이다. 후자는 운동장 근처를 걷다가 공에 맞는 두 가지 사건이 동시에 발생할 확률이다. 정말 헷갈리기 쉽다. 공에 맞는 것을 사건 A로 가정하고 운동장을 걷는 것을 사건 B로 하면 조건부 확률을 $P(A|B)$로 표현하고, 공통 확률은 $P(A \cap B)$로 표현한다. 이 둘 사이의 관계는 $P(A \cap B)= P(A|B) \times P(B)$이다. 조건부 확률이 왼쪽에 있도록 식을 변형하면 다음과 같다.

$$P(A|B)=\frac{P(A \cap B)}{P(B)}$$

공통 확률을 앞서 언급한 사건의 확률로 나누는 것이 조건부 확률이다.

21

인간의 직감에 도전하는 벤포드의 법칙

372의 첫 번째 수는 3, 62의 첫 번째 수는 6이다. 만약 우리나라 전역의 예금 계좌를 집계하면, 첫 번째 수가 1인 수와 첫 번째 수가 9인 비율은 우리의 직감으로 1 : 1인 것과 달리 6.5 : 1이다.

"모두들 성찬 쌤을 성공적으로 도왔으니 이제 마지막 주자인 저에게 맡기세요!"

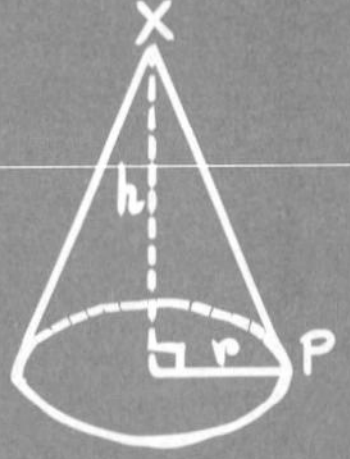

효력 없는 직감
연준의 작품을 소개해 주세요.
우리는 모르는 일에 부닥치면
고개를 갸우뚱거리며 직감적으로 생각하는 습관이 있죠.
대부분의 직감이 정확하지 않다고 확신한다면
아무도 로또를 사지 않을 겁니다.
왜냐하면 맞을 리가 없으니까.
모든 쌤과 학생 여러분,
저의 연구 '효력 없는 직감'을 들어주셔서 감사합니다.
저거 네가 전에 선물 만들기를 연습했던 지우개야?
직감, 수학적인 검증을 피할 수 없습니다.

교내 과학 전시장에서 발표를 맡은 학생들은 정장을 단정하게 입고 자신의 작품 옆에서 심사위원을 기다렸다. 과학 전시회는 과학에 관심이 없는 사람들은 일반적으로 참관하러 오지 않는다. 그런데 이번 전시회는 달랐다. 연준의 수학 코너에는 마치 방금 월드투어를 마친 아이돌처럼 주위에는 인파가 몰려들어 수학 천재의 발표를 기다리고 있었다.

"효력 없는 직감!"

연준의 포스터에는 큼지막한 제목이 적혀 있었다. 은석 일행은 군중 뒤에 서서 그에게 손을 흔들었다. 연준의 입꼬리가 살짝 올라갔다. 오늘은 릴레이 마라톤으로, 각자가 돌아가면서 성찬에게 가산점을 주는 방식이다. 마지막 주자인 그는 무조건 잘해야 한다. 보름 전에 그는 우수한 학생의 특권을 활용해 급하게 학교 과학 전시회에 참가 신청서를 제출했었다. 연준의 포부는 대단했다.

"시간이 좀 촉박하긴 하지만 학교 대표권을 따낼 자신이 있어요. 시 전체의 과학 전시회에 참가해서 반드시 대상을 받겠습니다."

연준이라면 큰 어려움이 없을 것 같다. 상을 받는 것은 가장 좋은 홍보이기도 하다.

"작품에 대해 설명해 주세요."

다른 작품들과 달리 연준의 포스터는 색종이로 가려진 부분이 많아 한 번에 한 곳에만 집중할 수 있게 했다. 연준은 고개를 끄덕이며 "선생님들과 학생 여러분, 저의 연구 '효력 없는 직감'에 관심을 보여주셔서 감사합니다." 연준은 확신에 찬 말투로 시작했다.

"우리는 모르는 일에 부닥치면 2초 동안 고개를 갸우뚱거립니다. 그러다 마치 답이 머리에 걸린 것처럼 흔들면 답이 뚝 떨어지는데요. 사람들은 이를 '직감'이라고 말합니다. 우리는 생활 속에서 늘 직감에 따라 일을 처리하지만, 대부분의 직감이 정확하지 않다고 확신하죠. 그런데 만약 직감을 의심한다면 로또와 같은 복권을 사는 사람은 그리 많지 않을 것입니다. 그리고 1등 당첨금의 절반을 공익에 기부하겠다고 되는 대로 공언합니다. 당첨될 가능성이 거의 없으니깐요." 연준의 말에 청중들은 웃음을 자아냈다.

"좀 더 이성적으로 생각하면 걱정이 더 많아질 겁니다. 1만 원을 소비해서 3개의 숫자를 맞힐 확률은 1.78%에 불과하고, 6개의 숫자를 모두 맞출 확률은 1억분의 7.15로 더 낮아져, 교통사고가 날 확률 1억분의 5.25보다 조금 높을 뿐이죠." 연준은 담소를 나누듯 계속 설명했다.

"직감은 수학적으로 검증되지 않는 경우가 많습니다. 혹은 직감은 원래 정확하지 않다고 말합니다. 다만 세상에는 옳고 그름을 확신할 수 있는 일이 많지 않기 때문에 직감이 얼마나 정확한지를 쉽게 알아차리기 힘듭니다. 제 친구는 항상 상대방이 자신을 짝사랑한다고 생각해요. 왜냐하면 그녀가 항상 그에게 매점에 같이 가겠느냐고 묻기 때문이죠. 그러나 사실 그녀의 입장에서는 단순히 군것질을 같이 할 사람을 찾고 있을 뿐이지만, 고백하기 전에는 그 일의 진실을 확인할 수는 없어요. 그래서 간단한 통계를 이용해서 실제 체험해 보는 것이 제 과학전시의 취지입니다. 사실과 얼마나 차이가 나는지 직감적으로 느껴보세요." 연준은 멈칫하며 포스터에 적힌 한 구절을 가리켰다.

통장을 펴서 한 건당 맨 왼쪽의 숫자를 '첫 번째 수'라고 한다.

"먼저 '첫 번째 수'를 정의해야 합니다. 백여만 명의 첫 번째 수는 1, 6천여 원의 첫 번째 수는 6, 80여 원의 첫 번째 수는 바로 8입니다. 직감적으로 판단할 때, 어느 지역에 이천삼백만 명이 있는데 그 예금 금액의 첫 번째 수로, 1~9의 각 숫자가 나타날 확률은 각각 얼마나 될까요?"

청중이 아무런 대꾸 없이 잠잠해지자 한 선생님이 '균등 분포, 각 숫자가 나올 확률이 모두 $\frac{1}{9}$'이라고 말했다.

"감사합니다. 많은 분이 선생님과 같은 직감을 갖고 계실 겁니다.

직감에 순종해 계속 추리하면 유로화를 사용하는 유럽인의 예금 금액, 일본인의 엔화 예금 금액 등 각각의 숫자가 나타날 확률은 모두 $\frac{1}{9}$의 균등 분포가 되어야 합니다. 이 통계 숫자는 어떤 지역이든 고르게 분포되어야 할 이유가 없습니다. 다른 곳에서는 변할 수 있지만, 여러분은 모두 당연히 똑같아야 한다고 생각하죠?"

사람들이 고개를 끄덕였다. 연준이 아래쪽에 가린 색종이를 떼어 내니 표 하나가 드러났다.

기타 화폐	100	200	300	400	500	600	700	800	900
엔화	357	714	1071	1429	1786	2143	2500	2857	3214
유로화	2.5	5	7.5	10	12.5	15	17.5	20	22.5

"이 표는 어느 지역에 9명이 있을 때 계좌에 각각 100, 200,···, 900원이 있다고 하면, 선생님이 말씀하신 대로 고르게 분포되어 있습니다. 만약 은행이 갑자기 그들의 예금을 엔화나 유로로 바꾸어 계산한다면, 환산한 후의 결과는···."

"첫 숫자가 9인 것은 없나요?" 어떤 사람이 눈을 부릅뜨고 물었다.

"맞습니다, 엔화와 유로화의 첫 번째 수로 9는 표에서 사라지고, 첫 번째 수 1은 한 번에서 서너 번으로 크게 늘었습니다.

더 일반적인 상황을 고려하면 우리는 다음의 통계 그래프를 얻을 수 있습니다. 그곳의 화폐를 유로화나 엔화로 환산할 때, 첫 번째 수가 작은 수로 나타날 확률이 비교적 높습니다."

연준이 또 한 장의 색종이를 떼어내자 통계 그래프가 나왔다.

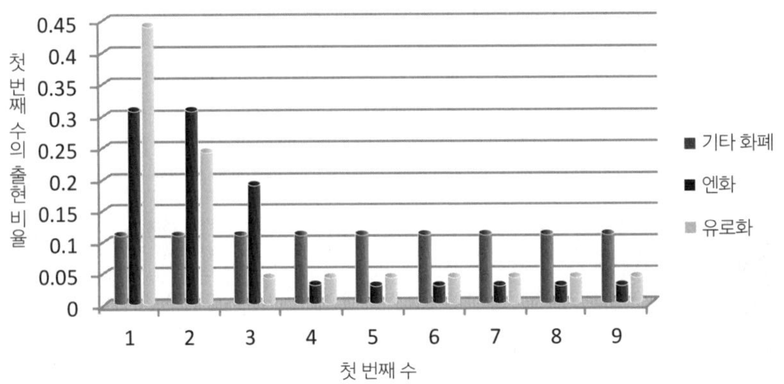

"데이터는 직감이 맞지 않았음을 알려줍니다. 이 직감적이지 않은 현상은 수학 법칙으로 묘사할 수 있습니다." 연준은 통계표 다음 내용을 가리키며 막힘없이 서술했다.

벤포드의 법칙 : 첫 번째 수가 1일 확률이 약 30%, 2일 확률이 17.6%로 순차적으로 감소하며, 첫 번째 수가 8과 9일 확률은 각각 5.1%, 4.6%에 불과하다.

연준은 처음 보충반에 갔을 때 성찬이 정한을 돕기 위해 백화점 할인을 벤포드의 법칙으로 분석한다는 말을 들은 기억이 났다. 이후 그는 인터넷에 접속해 벤포드의 법칙을 이해했다. 이런 경험 덕분에 이번에 그는 빠른 시간에 순조롭게 과학 전시회를 준비할 수 있었다.

“왜 그런가요?” 유아는 청중의 입장이 되어 손을 들고 큰 소리로 질문했다.

“아주 좋은 질문입니다. 이렇게 직감적이지 않은 체감 현상을 설명하기 위해 먼저 생활 속의 예를 하나 제시하겠습니다. 긴 조각의 케이크를 하나 상상해 봅시다. 윗면이 물결 모양으로 만들어져서 두께가 일정하지 않고 높은 곳도 있고 낮은 곳도 있습니다.”

연준이 손뼉을 치자 수안은 포스터 뒤쪽에서 연준이 묘사한 케이크-높낮이가 다르고 마치 파도 같은 물결이 새겨진-를 들고 나왔다.

“만약 네 사람이 비율에 따라 케이크를 나누려고 한다면 가장 흔한 방법은 케이크를 각 사람이 가질 수 있는 비율에 맞게 위에서 아래로 여러 조각으로 자르는 겁니다. 그렇게 다 자른 후 1, 2, 3, 4, 1, 2, 3, 4 … 의 순서로 분배하는데 각자가 자신의 번호에 따라 자신만의 케이크를 골라내면 되는 것이죠.”

연준은 설명하면서 케이크 자르는 제스처를 취했고, 이어 고개를 돌려 포스터의 색종이를 한 조각 떼어내어 한 장의 그림을 청중에게 공개했다.

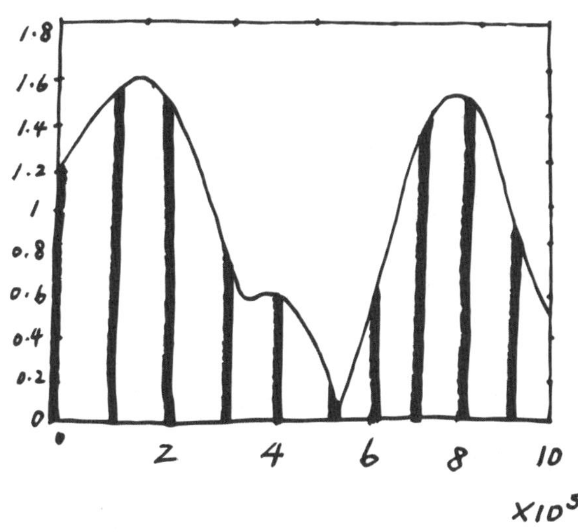

"이 그림은 그중 한 사람의 결과입니다. 일정한 간격을 두고 같은 폭의 일부를 잘라내면 케이크의 두께가 어떻게 변하든 상관없이 각자가 받을 수 있는 비율을 확보할 수 있습니다. 이를 '이상적인 케이크 컷팅법'이라고 합니다."

"예전에 성찬 쌤에게 배웠던 공평하게 케이크 자르기에서 받은 영감인 건가." 유아가 작은 소리로 소근거렸다.

"첫 번째 문제로 돌아가서 어느 지역의 은행 예금을 집계하면 예금의 통계 분포도가 이렇게 될 수 있습니다."

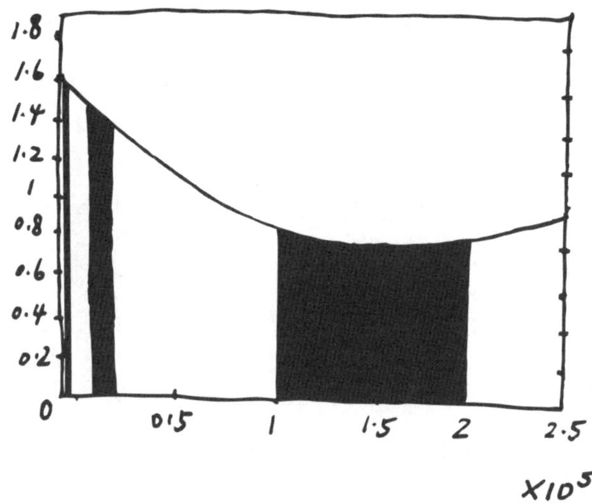

포스터에 또 하나의 그림이 나타났다.

“첫 번째 수 1의 영역은 파란색으로 표시됩니다. 만약 전체 곡선을 하나의 케이크라고 생각한다면, 자른 파란색 부분은 처음에는 가느다란 ‘1’이 되고, 2~9가 지난 후에는 조금 더 굵은 ‘10~19’가 됩니다. 이번에는 좀 더 오랜 시간 0~99가 지나야 더 굵은 ‘100~199’가 나타나죠. 그다음에 ‘1000~1999’입니다. 잘라낸 영역은 각각 1, 10, 100, 1000… 자른 간격은 8, 80, 800…입니다.”

연준은 잠시 멈췄다. 그가 활용한 수학은 사실 어렵지 않지만, 사람들은 수학적으로 현상을 보는 데 익숙하지 않다. 어두운 방에 막 들어온 것처럼 적응하는 데 시간이 좀 걸리기 때문에 속도를 적당히 늦춰야 한다. 이것은 그가 성찬에게서 배운 기술이다. 성찬의 수학 설명을 들을 때 이해가 빨리 되는 것은 바로 성찬이 청중의 입장에서 생각할 줄 알기 때문이었다.

"다시 말해, 서로 다른 첫 번째 수의 케이크 컷팅법에 따라 크기가 다른 면적을 다른 간격마다 잘라내는 것은 언뜻 보기에 좀 전에 말한 이상적인 케이크 컷팅법은 아닙니다."

그는 잠시 더 멈추었다가 "하지만 x축의 금액에 로그log를 취하면 또 다른 그림이 나오게 되죠."라고 말했다.

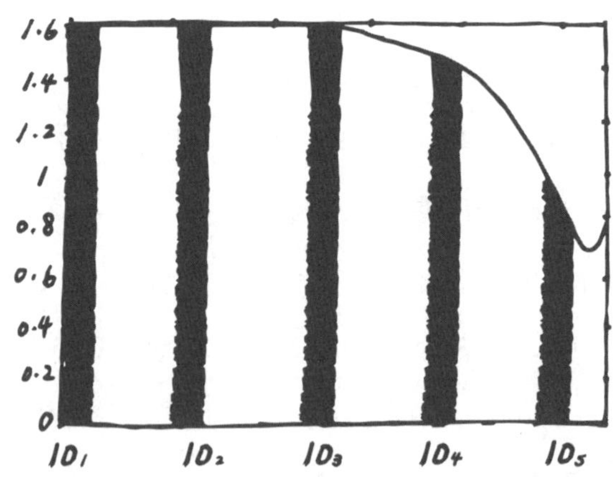

"그림에서 볼 수 있듯이, 우리는 '같은 간격으로 같은 크기로 자른다'는 이상적인 케이크 컷팅법을 재현했습니다. 케이크의 두께가 어

떻게 변하든 이상적인 케이크 컷팅법은 '각 사람이 나눈 케이크의 비율은 그가 한 조각씩 잘라낸 길이와 다른 사람이 잘라낸 길이의 비율과 같다.'는 것입니다." 연준은 속도를 늦추며 말했다.

"다시 한번, 우리는 이 도형에서 서로 다른 첫 번째 수의 비율을 계산해야 합니다. x축에 로그를 취한 후, 1을 첫 번째 수로 자른 면적의 비율은 $log_{10}2-log_{10}1=log2$로 30%에 가깝고, 첫 번째 수가 2인 비율은 $log_{10}3-log_{10}2=log_{10}\frac{3}{2}$로 17.6%에 가깝기 때문에 결론을 낼 수 있습니다."

첫 번째 수가 x일 때, 자른 면적이 차지하는 비율은 $log(1+\frac{1}{x})$이다.

연준은 포스터의 굵은 글씨를 가리키며 "이것은 각 첫 번째 수가 이 그림에서 차지하는 비율이며, 이에 대응하는 진정한 첫 번째 수의 분포입니다."라고 말하고는 발걸음을 옮겼다.

이번에는 청중에게 생각할 시간을 많이 주지 않고 직접 예를 들어 그들을 설득했다. 혹은 그들의 직감을 설득해 청중들이 그의 설명을 받아들이도록 하는 것이다.

"다른 화폐 가치의 문제로 돌아가서, 어느 지역 화폐의 예금 첫 번째 수 분포가 벤포드의 법칙에 근거한다고 가정하면, 이러한 화폐의 예금을 유로화와 엔화로 환산한 후 이 그림을 얻을 수 있습니다."

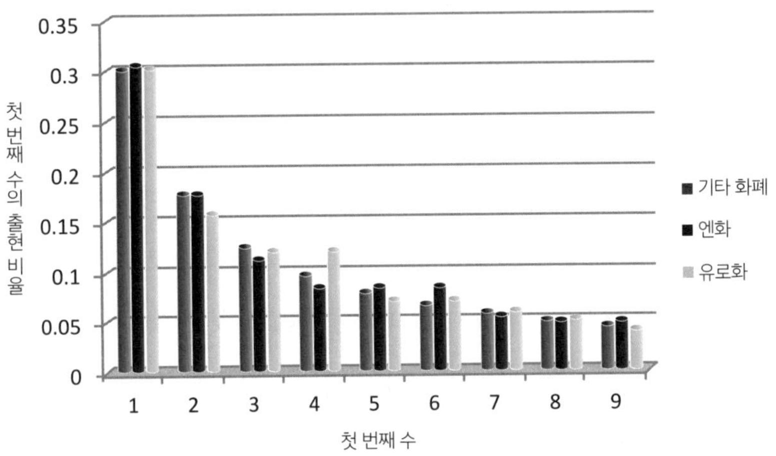

"서로 다른 화폐의 추세가 모두 유사해 벤포드의 법칙에 부합합니다. 마침내 우리는 수학 교과서 밖의 *log*를 본 것이죠."

무대 아래에 청중들은 '진짜야'라는 탄식을 쏟아내고는 저마다 귓속말로 토론을 시작했다. 연준이 포스터의 소제목 '벤포드의 법칙 적용'을 가리켰고 아래에는 다음과 같이 적혀 있었다.

자연발생적인 데이터의 범위가 넓으면 첫 번째 수의 분포가 벤포드의 법칙에 부합한다. 따라서 벤포드의 법칙은 실제적으로 활용도가 크다.

회계 회사의 1년치 각종 결산 비용을 초과하면, 벤포드의 법칙이 존재한다는 것을 알 수 있다. 정부나 회계사는 벤포드의 법칙을 이용해 회사의 장부를 심사할 수 있으며, 만약 벤포드의 법칙에 부합하지 않으면 문제가 있을 수 있다.

연준이 잠시 멈추자, 사람들은 포스터에서 그의 얼굴로 시선을 옮겼다.

"처음부터 직감을 믿지 마세요. 감사합니다."

심사위원의 박수와 함께 관객들의 박수갈채가 이어졌다. 박수는 큰 소용돌이를 일으키며 연준을 감싸 안았다. 연준은 마침내 마지막 주자의 임무를 끝냈다.

표본추출

앞서 '결혼방정식'에서 통계를 소개했는데 수집된 데이터에 따라서 데이터의 특성을 반추할 수 있었다. 데이터를 수집하는 과정을 '표본추출sampling'이라고 한다. 예를 들어, 선거철에 여론조사를 집계할 경우, 전화 및 설문 조사에 의존할 수 있다. 표본을 추출하는 일은 보기에는 번거로워 보이지만, 어렵지는 않다. 실제로 잘못된 표본추출이 없는데도 'A를 조사하려는데 B가 나오는 상황'이 쉽게 나타난다.

예를 들어, 어떤 후보의 지지도를 알아보기 위해 그의 고향에서 설문 조사를 했다면 전국적인 지지율보다 해당 후보의 지지도가 높게 나올 수 있다. 혹은 유선전화를 걸어 핸드폰을 사용하는 인구의 비율을 조사하면 실제 비율보다 낮은 결과를 얻을 수 있는데, 핸드폰을 가진 사람이 적을 수 있기 때문이다. 이는 앞서 소개한 조건부 확률 개념과 다소 유사하다. 조사하고자 하는 것은 후보자의 전국 지지도인데 오히려 후보의 고향 지지도가 되었고, 전국 핸드폰 사용 인구 비율을 알아보려다 '유선전화가 있고 핸드폰을 사용하는 인구 비율'을 조사하게 되었다. 표본추출에 실수로 어떤 조건이 섞이면서 통계는 특정 내용만을 조사하는 것으로 바뀌었다.

22

초전개 수학교실의 위기 탈출

모든 동아리 활동이 끝나자 건물 전체가 깜깜해졌다. 수학 심해에 있는 아귀가 머리에 불을 밝히고 작은 물고기 다섯 마리를 끌어들여 곁에서 헤엄치고 있다.

성찬은 더 이상 외롭지 않았다.

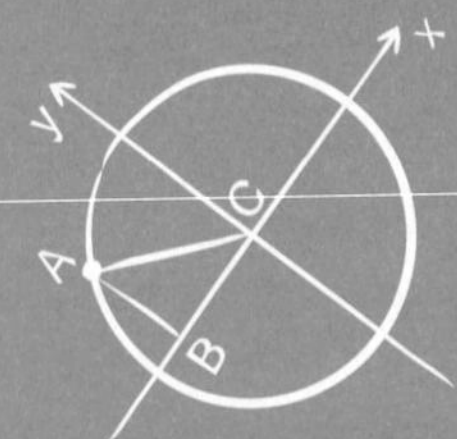

올라가는 모습을
보아하니
농구팀 연습인가?
지난번에
연준이 나한테
말했어.
아니 이렇게 가는 게
힘이 덜 들어.
연준?
걔는 새로 오신
쌤 수업이 분명
재미없을
것이라고 했어.
만약 바로 직진해서
올라갈 때
계단의 기울기는 0.67,
앙각을
약 33.7°라고 하면…
사실 나도
가고 싶지 않아,
다만
혹시나 하고…
너 언제 이렇게
수학을 잘했어?
뭐가 혹시나야?

두 번째 학기가 시작되었다. 둘째 주는 보충반 첫 수업이 있는 날이다.

유아와 정한이 교실로 가는 길에 계단에서 은석의 뒷모습을 보았다. 그는 비스듬히 위층으로 올라가다가 모퉁이를 돌아 다시 비스듬히 다른 방향을 향해 올라간다.

"농구팀 연습?" 유아가 물었다.

은석은 몸을 돌린 뒤 두 눈을 빛내며 설명했다.

"이렇게 걷는 게 힘이 덜 들어. S자형으로 계단을 올라가면 계단 높이가 낮아진 것으로 볼 수 있지. 계단의 높이는 17㎝, 깊이가 27㎝인 예를 생각해 봐. 만약 바로 직진해서 올라갈 때 계단의 기울기는 0.67, 앙각을 약 33.7°라고 하면 비스듬히 갈 때 기울어진 각을 θ라고 했을 때, 수평거리는 $\frac{1}{\cos\theta}$배 증가하지만, 높이가 변하지 않기 때문에 기울기가 '(높이/깊이)'에서 '(높이/깊이)$\cos\theta$'로 바뀌지. θ가 커질수록 계단의 기울기가 낮아져. 최대 한계는 계단의 좌우 길이, 즉 '$\tan\theta$=계단 좌우 길이/계단 깊이'에 따라 결정돼. 좌우 길이를 100㎝, θ를 74.9°라고 하면 계단의 기울기는 0.67에서 0.17로 낮아지고 앙각은 9.6°에 불과해 올라가기가 매우 수월해지지."

"너 언제 수학을 이렇게 잘했어?" 은석은 세 걸음, 두 걸음씩 계단 모퉁이를 올라가며 말했다.

"지난번에 연준이가 말해 준 거야. 교내 계단은 모두 평탄해. 그런 계단은 수직 높이가 보통 계단보다 낮지는 않지만 걸으면 비교적 수월해. 그 이유는 기울기가 작기 때문이야. 비스듬히 걷는 것은 일반적인 계단 깊이를 평탄한 계단으로 늘리는 것과 같아."

"그렇구나. 그런데 연준이는?" 은석의 얼굴이 신문지처럼 구겨졌다. "연준이는 수업 빼먹었어. 새로 오신 쌤 수업이 재미없을 거라고 했어. 에이, 사실 나도 가고 싶지 않아. 다만 혹시나…."

"뭐가 혹시나야?"

"혹시 성찬 쌤이 수학을 너무 간절히 가르치고 싶어서 이름을 바꾸고 다시 지원하신 게 아닐까 하는…."

※

"수학을 가르치고 싶다는 쌤의 결심을 과대평가한 것 같군."

방과 후 보충반 교실에 들어서면서 은석이 착잡하게 한마디 내뱉었다.

첫 번째 줄에 앉은 수안이 손을 흔들었다. 은석은 그녀의 왼쪽, 유아와 정한은 함께 은석 뒤에 앉았고 네 사람은 지난 학기 첫 수업의 네모난 Z자형으로 돌아갔다.

새로 온 쌤은 짧은 자기소개를 마친 후에 바로 수업을 시작했다. 수안은 국어 교과서를 꺼내고 정한은 머리를 숙여 메모를 하고, 유아는 여전히 핸드폰을 보고, 은석은 계산 종이를 구겨서 종이 공 뭉치를 만들어 던지며 이따금 수안과 이야기를 나누었다. 쌤은 수업을 듣는 사람이 있든 없든 개의치 않고, 자문자답하며 수업을 이어갔다.

지루한 수업이 막 끝나가고 있을 때 교실 뒤쪽에서 노크 소리가 들려왔다.

"왔구나." 쌤이 연준에게 인사를 건네자 두 사람은 마치 오래전부터 알고 지내는 사이인 듯 보였다.

"안녕하세요. 선생님, 죄송하지만 지금 친구들과 어디 좀 갈 데가 있어서요. 다음에는 착실하게 수업을 듣겠습니다." 연준은 어리둥절해하는 친구들에게 따라오라며 손짓했다.

※

해가 진 뒤의 학교는 칠흑같이 어두웠다. 야간 조명의 빛이 먼 곳의 운동장에서 투사되어 그림자를 길게 끌어당겼다.

"새로 오신 쌤 알아?" 유아가 연준에게 물었다.

"성찬 쌤 소개로 오신 분이야. 과학 전시회 준비할 때 성찬 쌤과 함께 가끔 와서 토론을 했거든." 연준은 교내 과학 전시회 수학부 대상을 받았고 보름 후에는 시 대회에도 출전하게 되었다.

"성찬 쌤과 아직 연락해? 실직으로 길거리에 나앉은 건 아니겠지?" 유아는 장난으로 한 이야기지만 만약 성찬이 정말로 실직한다면, 그녀는 정한의 도움이 필요하다고 생각했다.

3층에 이르자 한 줄로 늘어선 캄캄한 통로에 교실 한 칸만이 환하게 켜져 있었다. 교실로 들어서자 색다른 교실 배치가 먼저 눈에 들어왔다. 교실 뒤쪽으로 천장까지 덮인 네 개의 거대한 양철 책장이 있고, 안에는 온통 수학 서적뿐이었다. 벽에는 수학과 관련된 포스터가 잔뜩 붙어 있었다. 여섯 조의 책상에는 이상한 수학 장난감이 가득했다.

성찬은 포스터를 붙이느라 학생들이 들어서는지도 모르고 있었다. 포스터는 수안의 수상작 〈디지털 홍루몽〉이었다. 지난 학기 말 수안과 함께 행렬 연산으로 승부를 분석한 농구 경기 점수표도 벽에 붙어 있다.

"쌤! 학교로 돌아오셨군요!" 유아가 눈물을 글썽이며 반가워했다. 그들을 보자 성찬의 얼굴에는 형광등보다 더 환한 미소가 번졌다.

지난 학기가 끝난 후 학교 인사위원회에서 성찬의 보충반 학생들이 참여한 각종 활동이 수학과 어떻게 연관이 되었는지 그 실적들을 검토해 본 후, 그를 특별 채용 교사로 초빙해 수학교실을 창설하기로 결정했다. 학교는 폭넓은 수학 지식을 바탕으로 학생들이 각종 수학 관련 대회에서 입상할 수 있기를 희망했다. 성찬도 수업보다는 수학 공부에 대한 흥미와 동기를 유발하는 것이 무엇보다 중요하다고 생각했다.

“얘들아, 너희들 덕분에 계속 아이들을 가르칠 수 있게 되었어. 고맙다.”

“연준아, 너 너무 한 거 아냐? 말도 안 해주고.” 은석이 원망하듯 말했지만 목소리는 유쾌했다.

“성찬 쌤이 너희들을 놀라게 해주려고 비밀을 지키라고 했거든. 하하!” 연준은 웃으며 말했다.

“나도 원래 생각했던 엔지니어를 하려고 했지만 너희들을 놓아줄 수가 없더라고. 그래서 다시 돌아왔다.” 성찬은 반가워하는 아이들을 응시하며 이야기했다.

“젊었을 때 여러 가지 가능성을 많이 시도해 보고 나서, 어느 정도 나이를 먹은 후에 내가 앞으로 무엇을 할 것인지를 결정하라고 말했던 거 기억나니?” 그러자 모두 고개를 끄덕였다.

“그때는 확률로 설명했지만 ‘개미떼 알고리즘’으로도 그 질문에 답할 수 있다고 생각했어.”

“개미떼 알고리즘?” 마치 지난 학기의 보충반으로 돌아간 것 같다.

“그 개념은 다음과 같아.” 성찬은 이어서 설명을 시작했다.

“천 마리의 개미가 개미집에서 출발해 각각 먹이 곁으로 와서 먹이를 메고 집으로 가져간다고 가정하자. 개미는 인간처럼 동그랗게 둘러 앉아 차를 마시면서 이야기를 나누지 않을 거야. 그래서 그들은 누가 얼마나 오래 걸었는지, 누가 간 경로가 비교적 짧았는지를 토론할 방법이 없어. 개미들은 발자취와 함께 남겨진 페로몬의 강약을 통해서만 어디로 가야 할지 판단하게 돼. 냄새가 짙을수록 개미들이 그 길을 많이 간다는 뜻이고, 팀워크를 중시하는 그들은 그 길을 따라갈 수밖에 없지."

"개미도 농구를 좋아할 거 같아요."

"왜?"

"농구는 팀워크를 제일 중요시하니까요." 은석은 당연하다는 듯이 대답했다.

"천 마리의 개미 중 특별히 운이 좋은 개미 한 마리가 최단 경로로 가고, 다른 개미들은 계속해서 각자의 길을 가게 돼. 한 시간 후 최단 경로를 걸은 행운의 개미들은 가장 많은 음식을 집으로 옮기고, 동시에 가장 많이 오갔기 때문에 그 최단 경로에서 가장 진한 페로몬을 남기지. 다른 개미들은 냄새가 끌리는 방향을 향하면서 최단 경로를 밟게 되니 개미가 더 많이 들어가고, 남아 있는 냄새가 더 강할수록 더 멀리 있는 개미들을 끌어들여. 마지막으로 우리 눈앞에 한 가닥의 검은 선으로 나타나지." 성찬은 손을 뻗어 허공에 살짝 선을 그렸다.

"많은 사람이 인생은 수많은 주사위를 무작위로 던져서 이루어진다고 생각해. 대학입시, 이력서, 연구소, 첫 직장, 첫 이직 등. 많은 경우, 단지 지금의 환경 때문에 하는 선택인 것 같지만 곰곰이 생각해 보면 무심코 개미떼 알고리즘을 실행했을지도 몰라.

매일 각종 미래의 가능성이 모두 다른 형태로 나타나는데, 처음에 우리는 무작위로 각종 사물로부터 X라는 원소를 얻어. 어떤 X는 좀 많고, 어떤 X는 좀 적어. 그렇게 어느 정도 쌓이다가 잠재의식이 깨어나 눈을 떠서 가장 많은 X를 받을 수 있는 미래를 선택하기 시작하고, 더 많이 선택된 X가 점점 더 많아지면서 더 이쪽으로 갈 것이라고 굳게 믿게 되지. 이것은 마치 풍선을 부는 것과 같이 갑자기 커지는 것이 아니라 서서히 공기를 채우다 보면 어느새 점점 커져."

연준은 '미래는 외적인 압력이고, 현실적으로는 사회에 의해 좌우된다'는 쌤의 논점이 절반밖에 맞지 않는다는 것을 다시 해석했다.

"사람은 누구나 외적인 영향을 받지만, 정작 우리에게 영향을 미치는 것은 외적인 것이 아니라 마음속 깊은 곳에서 그 자신이 바꿀 수 없는, 매 사물에 다른 정도의 X를 부여하는 것이죠."

수안은 '우리의 절대다수 행위는 동물본능이라는 의식이 주도하며, 이성은 결정권 밖으로 밀려나 사후에 해명할 수밖에 없다'는 말이 있다고 덧붙였다.

"넌 철학계에서도 슈퍼우먼이야." 수안은 이미 은석의 말버릇에 익숙해져서 그를 보고 웃었다.

"그런데 그러고 보니 개미떼 알고리즘을 실행하기에는 자신이 없을 것 같아. 나만의 X가 무엇인지 정확히 알아보는 게 관건일 것 같은데?"라고 연준이 물었다.

"X가 뭐야?" 유아가 중간에 끼어들어서 물었다. 유아의 물음에 성찬이 대답했다.

"사람마다 다르다고 생각해. 정한의 X는 아버지의 정체성이고, 연준은 새로운 지식을 배우는 것이야. 갈망하는 것이 다르기 때문에 각양각색의 인생이 만들어지지. 지난번과 같은 결론으로 돌아가서 자신이 정말 무엇이 잘 어울리는지 알고 싶다면 여러 가지 다른 가능성을 모색해야 점점 더 분명해질 수 있어."

"이번에는 수학 공부가 아니에요?" 유아가 실망한 듯 묻자 성찬은 웃으며 고개를 가로저었다.

"이제 다들 수학에 관심이 많아졌네. 앞으로 언제든지 이 수학교실에 놀러 오는 걸 환영하마."

"이런 수학교실에서는 수면제가 필요 없을 것 같은데요. 하하하!"

동아리 건물 전체가 어두컴컴한 가운데 수학의 깊은 바닷속 아귀만이 등잔을 켜고 작은 물고기 다섯 마리를 끌어들여 그의 곁에서 헤엄치고 있었다.

번외편

변기 덮개의 비밀

수안의 〈디지털 홍루몽〉은 문학과 수학을 접목한 것으로 소설 〈홍루몽〉의 인물을 각종 수학 개념으로 설명하고, 눈과 귀가 새로운 글쓰기 방식, 알기 쉬운 수학 해설로 심사위원들의 만장일치로 호평을 받았다.
이 책을 읽고 나면 앞으로 화장실에 다녀온 후에도 변기 커버를 내려놓지 않을 것이다.

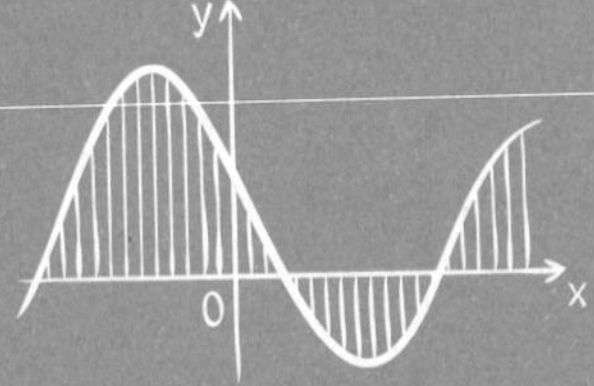

<홍루몽>의
이야기 속으로
들어가 보자.
황궁의 장녀
원춘元春이
서양인의
물건을
보내왔다.
가모는 연세가
많으셔서 신문물을
싫어하신다.
그래서 가장 아끼는
손자 보옥의 처소로
보내셨다.
보채 아가씨,
마침 잘 오셨어요.
보옥 도련님은 정말
도리를 모르세요.
도련님은
억지를 부리고
계세요.
내가 배려심이
없다고 탓하는데
이 변기를
사용하고도
커버를 내리지
않았다는 거야.
우리가 무리하게
소란을 피우는
게 아니에요.
보옥 도련님처럼
세심한 사람이 이런
사소한 일에 신경을
쓰지 않았을 리가
없잖아요.
내가
설명해주지.
변기가 쉽게 망가질
수 있잖아. 어떻게
귀한 물건을 망가뜨릴
수 있겠어.
나는 당연히
배려하고 싶은데,
왜 쉽게
망가지는 걸까?

〈홍루몽〉의 이야기 속으로 들어가 보자.

대문에는 빛이 바랜 춘련이 뜯겨나가고, 새 홍색 춘련으로 설 분위기가 풍겨 나온다. 황궁의 장녀인 원춘 앞으로 특별한 서양인의 물건이 명절 선물로 당도했다. 원래는 가모의 방에 설치하려 하였으나, 가모는 나이가 들어 이런 신문물이 익숙하지 않아 하인을 시켜 가장 아끼는 손자 가보옥의 거처인 대관원 이홍원으로 보내게 했다.

대관원의 이홍원에서는 이 특별한 새 물건을 위해 방을 하나 마련했다. 새하얀 도자기로 만든 매끄러운 조형물은 모서리가 하나도 만져지지 않는다. 처음에는 의자처럼 보였지만 큰 구멍이 뚫려 있고, 구멍 아래에 작은 웅덩이가 있었다. 의자 위에는 두 겹의 뚜껑이 있는데, 하나는 덮개 모양이고 다른 하나는 가운데가 뚫린 모양이다. 배달 심부름꾼에 따르면 사용하지 않을 때는 뚜껑 두 개를 모두 닫아야 하고, 사용할 때는 여자들은 가운데가 뚫린 덮개를 덮고 앉으면 편하고, 사내들은 서 있어야 할 때도 있고 앉아 있어야 할 때도 있다고 한다.

그렇다. 이것은 바로 좌변기였다. 이홍원에 처음으로 좌식 변기가 생겼던 것이다.

※

어느 날 밤, 이홍원은 시끌벅적했다. 보옥과 네 명의 시녀인 습인,

청문, 사월, 추문의 목소리가 멀리서도 똑똑히 들렸다. 설보채가 마실을 와서 방문을 밀었다. 청문은 설보채를 보자마자 이렇게 말했다.

"보채 아가씨, 마침 잘 오셨어요. 우리를 도와 도리를 평가해 주세요. 둘째 어르신 보옥 도련님이 정말 도리를 모르십니다."

보채가 보옥을 바라보니 그가 고개를 가로저으며 쓴웃음을 지었다. 보옥은 "그녀들은 내가 배려심이 없다고 탓하는데 이 변기를 사용하고도 변기 덮개를 내리지 않았다는 거야."라고 말했다.

"우리가 무리하게 소란을 피우는 게 아니에요. 보옥 도련님처럼 세심한 사람이 이런 사소한 일에 신경을 쓰지 않았을 리가 없잖아요. 도련님이 사용 후에 가운데가 뚫린 덮개는 내려놓아야 나중에 쓸 아가씨들은 덮개를 만질 필요가 없잖아요. 다른 곳에서도 변기를 사용할 텐데 사용 후에 변기 덮개를 내려놓지 않는다면 도련님의 자상한 명성이 훼손되지 않을까요?" 사월은 청문을 대신해 거들었고, 보옥은 고개를 저었다.

그는 오직 바람과 꽃과 눈, 달을 좋아해 시를 읊으며 지냈다. 그러나 사실 보옥은 수학에 상당히 흥미가 있어서 많은 시간을 들여 서양인과 중국의 수학을 연구했다. 보옥은 보채에게 "내 설명에 일리가 있는지 들어봐라. 당연히 나는 배려하고 싶지만, 너희들이 생각하는 대로 하면 변기가 쉽게 망가질 수 있어. 어떻게 귀한 물건을 망가뜨릴 수 있겠어?"

“왜 쉽게 망가져요?” 보채가 묻자 보옥은 탁자 위의 종이 한 장을 가리켰는데, 위에 표가 있었다.

“내가 설명해주지. 습인, 청문, 사월, 추문도 다시 한번 들어봐. 이 표는 다양한 조건에서 변기 덮개를 뒤집힌 횟수를 정리한 거야.”

가능한 상황	남자가 가운데가 뚫린 변기 덮개를 다시 원상 복귀하지 않았을 때 변기 덮개를 젖히는 횟수	남자가 가운데가 뚫린 변기 덮개를 다시 원상 복귀했을 때 변기 덮개를 젖히는 횟수
여자 사용 후 남자 사용	1	2
남자 사용 후 남자 사용	0	2
여자 사용 후 여자 사용	0	0
남자 사용 후 여자 사용	1	0

“남자가 변기를 사용한 후 가운데가 뚫린 변기 덮개의 상황을 논하면, 위의 4가지 가능성 중 연속해서 사용하는 사람의 성별이 다른 두 가지 경우에 덮개를 젖히는 평균 뒤집기 횟수는 $2\div4=0.5$회이지. 만약 변기 덮개를 원상 복귀하는 자상한 남자와 화장실을 공유한다면 여자는 변기 덮개를 전혀 만질 필요가 없지만 남자는 매번 두 번-먼저 젖히고 다시 변기 덮개를 덮는-의 힘을 써야 해. 4가지 가능한 상황 중 두 가지는 변기 덮개를 두 번 젖혀야 하며 평균 횟수는 $2\times2\div$

4=1로 전자의 두 배가 되겠군."

보옥은 즐겁게 단숨에 이야기를 끝냈다. 그가 보채와 계집종들을 둘러보니 촛불 아래 사람들의 얼굴이 붉어졌다. 그는 느리지만 침착한 어조로, "자상함은 사용 빈도를 배가하는 것이며, 이로 인해 변기 덮개가 비교적 쉽게 손상될 것이다."

이홍원 뜰에는 한동안 침묵이 흘렀다. 보옥은 그녀들이 열심히 보옥의 지식을 흡수하고 있다는 것을 느낄 수 있었다. 만약 그녀들의 뇌를 들여다볼 수 있다면, 뇌파는 틀림없이 방직기의 셔틀보다 더 빨리 움직였을 것이다.

"그런데 보 오라버니, 이홍원에는 여자가 비교적 많은데 오라버님만 남자예요. 그리고…."

보채는 이 말을 어떻게 점잖게 해야 할지 고민하며 "그리고 남녀의 화장실 사용 빈도가 많이 다른데, 보 오라버니도 가끔은 앉아서 쓸 수 있다는 건 고려하지 않았어요. 이런 것들을 모두 고려한다면 결론이 다르지 않을까요?"

"보채는 정말 대단해. 이렇게 정확한 사고를 가지고 있다니. 이게 통하게 될지 의문이야. 설명할 수는 있지만, 좀 번거로운 '변수 x'를 써야 하지. 남녀 비율을 $x:(1-x)$라고 가정하면, 남자가 변기를 사용한 후 변기 덮개를 원상 복귀하지 않을 때, 변기 덮개를 젖히는 평균 횟수는 $2(1-x)x$이고 또 다른 경우의 평균 횟수는 $2(1-x)x+2x^2$로 영원히 전자보다 $2x^2$만큼 많게 되는군."이라고 설명했다.

"다시 말해 황제와 999명의 후궁이 있다고 해 보자(즉, $x=0.001$인 경우). 황제가 자상하면 변기 덮개를 젖히는 횟수는 평균 0.002이고, 황제가 변기를 사용한 후 덮개를 그대로 두면 후궁의 변기 덮개는 평균 0.001998회만 젖혀. 나는 어제서야 원춘 누님에게 편지를 보내 황제에게 변기 덮개를 젖히지 말도록 건의해 달라고 부탁했어. 자상한 동작을 아껴서 평생을 그대로 두면 아마도 후궁을 대신해 변기 덮개의 수리비를 절약할 수 있을 테지."

"그렇구나, 알겠어요. 여러분, 알아들으셨나요? 앞으로는 보 오라버니가 말한 대로 합시다. 그리고 오라버니를 소란스럽게 하면 수학으로 머리가 아프니 앞으로는 그를 좀 더 잘 따르도록 해라."

보옥은 한숨을 쉬었다. 수학이 이렇게 어려운 걸까. 그는 모든 사람이 수학을 더 잘 이해할 수 있도록 계책을 생각하기로 결정했다.

기댓값

로또를 살 때, 우리는 누군가가 옆에서 “당첨은 안 돼!”라고 떠드는 것도 싫고, 수학적으로 “기댓값은 마이너스야!”라고 말하는 것도 싫다. 기댓값이 뭔지 잘 몰라도, 뭔가 대단한 것 같다. 소위 ‘기댓값’은 무작위로 사건을 무한정 여러 번 반복 실행한 후 얻은 결과를 말한다.

로또로 말하자면 기댓값의 의미는 100만 번을 산 후 평균적인 손익은 얼마인가 하는 것이다. 비록 1등 당첨금액은 매우 크지만, 1등 당첨 확률은 상당히 낮으며 대부분 빗나간다. 종합해 보면 로또를 사면 손해를 보고 로또 회사는 돈을 번다. 이것이 ‘기댓값은 마이너스’의 뜻이다.